The Ultimate Encyclopedia of Knots & Ropework

终极结绳全书

[美] 杰弗里-巴德沃斯 —— 著

苏 莹 —— 译

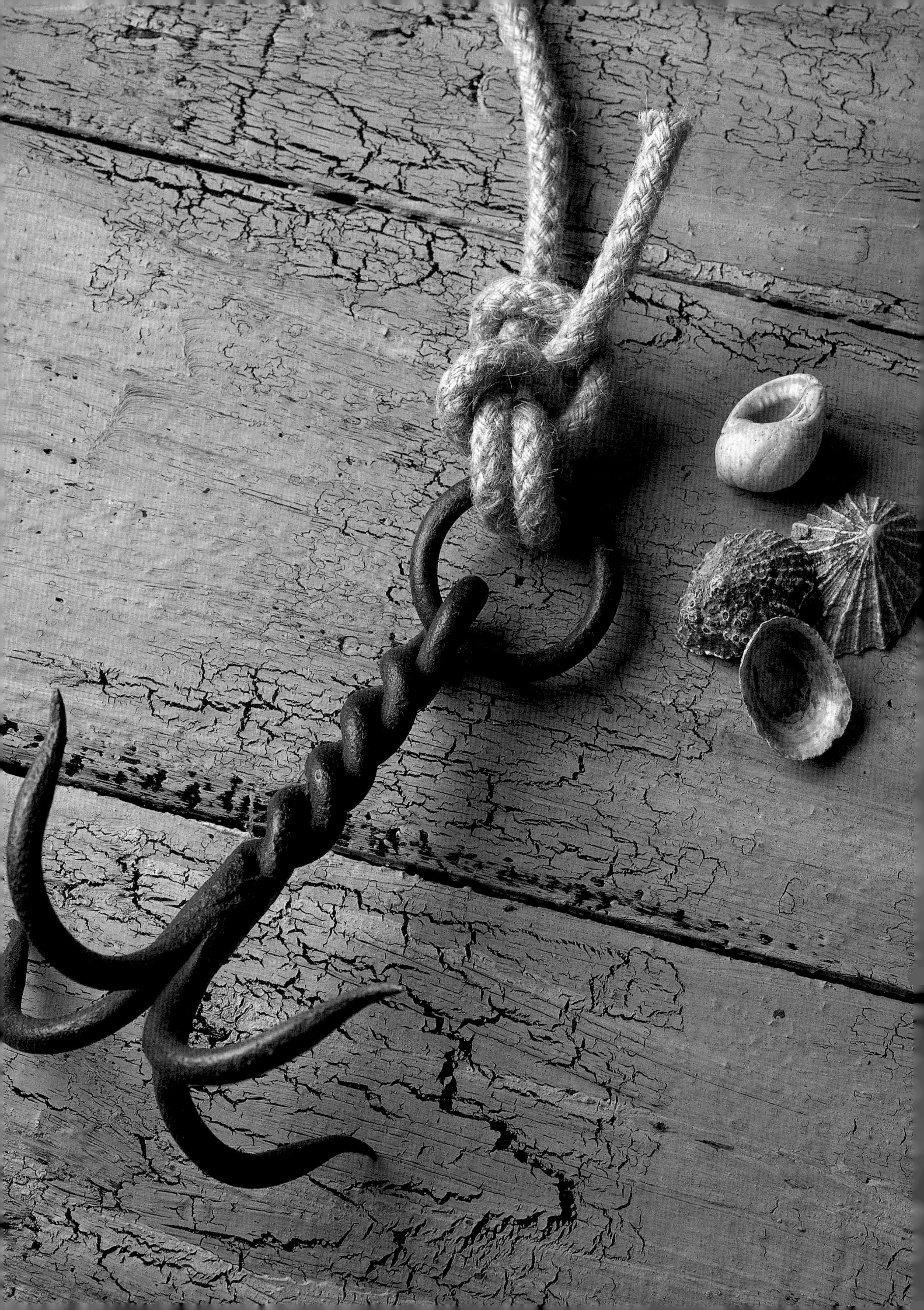

目 录

结绳入门 —————————————————————— 3

基础缠绑结、衔接结和套钩结 ————————————— 24

衔接结 —————————————————————— 42

套钩结 —————————————————————— 76

缠绑结 —————————————————————— 112

捆缚结 —————————————————————— 146

环状结 —————————————————————— 170

垫片结、辫状结、环编结、吊索结与其他绳结 ——————— 204

术语 ——————————————————————— 248

结绳入门

"关于结绳的技艺,哪怕是最简单的打结方法,普通人的了解程度之低令人哑然。"
(R. M. Abraham——《冬夜休闲手作》,1932)

  结绳是一种趣味十足的休闲方式。多数人都可以轻松掌握基础的结绳技法并很快学会一样令人艳羡的看家绝活。绑系绳结的趣味性绝不亚于阅读一本好书,而结绳作品带来的成就感不仅与完成填字谜或拼图游戏不相上下,而且在生活中的实用性更强。人人都应当掌握几种简单的结绳方法,也正因如此,1982年成立的国际结绳爱好者协会(IGKT)现已发展成为一家颇具影响力的非营利性教育机构。在绑系绳结时,我们无须过多依赖于安全别针、强力胶、拉链、曲别针或其他用于衔接和紧固的工具,因为只要绳索的长度和绳结的组合方式适当,我们就能够以更低的成本完成作品,不仅减少了对各种宝贵资源的浪费,而且效果更加出色。

  目前世界上流传下来的结绳款式多达数千种,在此基础上的变化款式更是多得不计其数。不仅如此,充满创意的结绳爱好者每年还会创作出新的绳结,使款式的数量愈加庞大。此外还有许多值得我们学习的装饰技法,例如:流苏边饰、真皮镶边和绳鞭制作;美观的中国结;日本的手工编织带以及其他精美的饰带或辫绳编织法;传统的英式稻草人;还有抽穗、梭织和钩编等技法。魔术师和脱逃术表演者自然是玩转各种绳结的大师,数学家则是塑造三维立体造型的高手,他们对探索绳结艺术中蕴含的深奥拓扑理论痴迷不已。无论对于刚刚入门的初学者还是技法精深的专业玩家,结绳都是一种令人身心愉悦的休闲方式,一项毕生痴迷的兴趣爱好,还有可能成为少数幸运儿借此生存发展的事业。这本书不可能涵盖以上讲述到的方方面面,但书中精选的200多款结绳技法定会帮助新手们轻松入门,同时也希望书中的内容能够对经验丰富的资深玩家有所帮助。

绳结分类标识

垂钓

划船航海

攀爬探险

通用

户外

历史、起源与应用

穴居人便已掌握了绑系绳结的方法。20世纪60年代的美国知名结绳作家塞勒斯·劳伦斯·戴认为，人类学会结绳的时间要早于人类掌握火的应用、耕耘土地、发明车轮和利用风力等技术。令人惋惜的是，人类掌握结绳技术的实际证据早已消失，但最初用于编织绳结的材料很有可能是藤条，以及取自动物尸体的筋和皮条。考古学家发掘出的一些不易腐烂的古人类手工艺品为我们提供了宝贵线索，证明人类在300 000年前便已使用绳结和绳索。至今留存最早的绳结标本是连同已干化的沼泽人一道在史前废墟中发现的网、鱼线、护身符和衣服，距今将近10 000年，但我们已无从了解在此之前人类开始使用的绳结款式，只知道新石器时代的人类已掌握反手结、半结、平

◎ 上图
绳子塑造出充满艺术感的几何构图

◎ 下图
捕鱼麻绳和防水椰壳纤维与具有防雨效果和香味的漫油麻制缆绳及纱线形成鲜明对比

结绳入门

◎ 左图
实用又美观的船用索结工艺

富几何学的结绳术早已发展起来，源自史前的传承远远超出最年长或最智慧的史官为我们留下的记载。

关于绳结的传说

在原始文化中，打绳结被广泛应用于记录日期、事件和宗谱；记述知识和传说；作为祈祷或忏悔时的提示，或者用来记录交易和存货。念珠和算盘的发明可能都源于绳结记录的原理。古秘鲁的印加人曾利用热带植物龙舌兰的纤维来制绳，这种绳子十分强韧，足以衔接建造于山谷间的吊桥。

◎ 下图
绳网保护下的老式玻璃鱼漂

（方）结、双套结和滑套结等基础款式。

那时的人类主要利用绳结捕捉动物、携带重物，也许还会用作治疗外伤的绷带，或偶尔用来勒死侵扰的敌人及用作祭祀的供品。石器时代晚期居住在瑞士湖上的居民曾是编制绳具和网具的高手，他们会在网具中使用单编结（缭绳结），并且很快发现绳网能够有效固定和保护用于支撑海上捕鱼队所下刺网或流网的玻璃浮标（现在许多水滨咖啡馆依然能够见到）。事实上，当人类开始记录历史时，蕴含着丰

印加人还擅于生产纺织品，由于当地未出现文字，族群中的管理者便利用被称作古秘鲁绳结文字（在盖丘亚语中quipu=绳结）的精美彩色绳结来进行十进制的记录，并管理一个南北总距离达到4 827公里（3 000英里）的帝国。

在夏威夷，直至1822年，不识字的收税人仍在利用800米（半英里）长的绳索来全面记录岛上居民的每一笔税收，绳子上打满了不同颜色和材质的绳结，有的代表美元，有的代表猪，有的代表狗，有的代表檀香木，等等。

令人遗憾的是，在古埃及的艺术遗迹中很少体现绳结相关的信息，但我们仍然从中了解到，他们曾利用希腊数学家毕达哥拉斯（约公元前580—前500年）的定理（中国称勾股定理——译者注）来解决测量和建筑问题，方法是在一条绳子上等距离打12个绳结，然后将其拉抻为勾三股四弦五的三角形。

而古希腊传说中的戈尔迪之结更是一个千古之谜。

戈尔迪是米达斯王的父亲，他出身于一个农民家庭，最终成为弗里吉亚的国王。后来，戈尔迪用皮

◎ 左上图
艇首碰垫

◎ 右上图
艇碰垫，中心区域与一段废物利用的机械传送带工整地衔接在一起，使碰垫更耐用

◎ 左页下图
针织酒瓶套和长颈瓶套，以及装配工的帆布工具斗和工具包

◎ 对面页左下图
水手柜的装饰环或把手

◎ 右图
正在编制和已完成的掸子或刷子

缰绳套起家里闲置的农用车，推到宙斯神庙前。由于缰绳上打的绳结过于复杂，没有人能够解开，于是神谕指示说解开此结的人将统治整个亚洲。亚历山大大帝也来尝试解开这个死结，但很快便失去了耐心。据说，他直接用剑斩断了死结。从此，人们用"斩断戈尔迪之结"这句谚语来表示以快刀斩乱麻的方式解决棘手问题。

水手与牛仔

并非只有爱船的人才有机会享受结绳的乐趣。事实上，如今划船时需要打绳结的机会少之又少。结绳术主要是由帆船船员推广起来的认识同样是错误的。18世纪至19世纪的大型横帆战船和商船上开始采用结绳术后，由于船员们需要不断应对越来越复杂的绳索，因而此项技艺确实盛行一时。水手柜上的环索或把手也充分彰显了船员们利用闲暇时间研习绳结技艺成绩斐然，他们打出的绳结兼具实用性和装饰性。然而，这段时期仅仅延续了150年。牛仔们编织的绳结和穗带，其精致程度丝毫不亚于水手们。在陆地上，从事贸易或其他工作的人们也会将绳结视为常用的工具，如：弓箭手与垂钓者、编筐工人、撞钟人、图书装帧工人、建筑工人和屠夫、马车夫、补鞋匠和牛仔、码头工人（脚夫）、驯鹰人、农民、消防员和渔夫、枪手、珠宝商、磨坊主、小商贩、偷猎者、（马戏团和剧院的）装配工、商店老板、士兵、高空作业工人、装卸工、外科医生、车夫和织布工等等。历史上有一段时期，家家户户可见利用绳索编制的掸子（刷子）或胖墩墩的门挡。

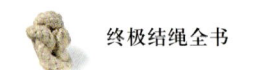

神职人员与医护人员

◎ 下图
猴爪结编制的门挡

结绳术的历史十分悠久。人们曾相信绳结具有某种神奇的力量，巫师们也曾利用这一点来施展巫术。在极富传奇色彩的希腊诗人荷马（传说生活在公元前八世纪的一位盲诗人）的史诗作品中，风神埃俄罗斯曾将一个系住万风之源的皮袋子送给奥德修斯。

希腊哲学家柏拉图（约公元前428—前347年）十分憎恶绳结法术中隐藏的黑暗面，他在自己的著作《法律篇》（Laws）中曾写道，轻信绳结法术并借此折磨他人者均应判处死刑。直至1718年，法国的波尔多议会还曾判处某人火刑，罪名便是利用绳结法术蛊惑他人全家。

罗马科学家兼历史学家老普林尼（公元23—79年）在其著作《自然史》中建议，伤口处绑系海格力士结（平结或方结）可加快伤口愈合速度。事实上，现今人们在学习急救时仍采用这种绳结来绑系吊带或绷带，只是很少有人意识到这样做背后蕴含的道理。

在公元4世纪的医疗用品收藏中保留着希腊帕加蒙医师奥雷巴塞尔斯使用的18个绳结，三个世纪前赫拉克拉斯曾率先在著作中记录这种绳结，称其为外科结。

可惜的是，这些绳结没有标

◎ 左图
码头工人（脚夫）用于处理货物的钩子，或残疾海盗使用的假肢

◎ 下图
老式硬木钉，用于塞入绳子端头

◎ 下图
椰壳纤维制作的传统艇碰垫

注图解，但通过文字说明可以了解到，这些绳结包括反手结，平结（方结），双套结，滑套结，渔夫环状结，水壶、罐子或瓶子的吊绳，汤姆傻瓜结，翻绳结，同心结，很有可能还包括蟒蛇结。

早期，斯堪的纳维亚曾施行计划生育政策，当一对夫妻认为自己的家庭成员已足够时，他们便将最后一个男孩命名为纳特（意为"绳结"）。在某些地方，人们相信通过绳子上打结的方式可以治疗皮肤疣，长几颗疣便打几个结，将打过结的绳子丢弃后，第一个接触这根绳子的人便会开始长疣。

撒克逊领袖赫里沃德·维克曾于公元1071年率众反抗征服者威廉，他使用的大绳接结是最早出现的纹章结之一。在纹章学中，至今仍将这种结称为维克结。

在公元1495年之后，英国文学作品中突然开始不断提及情人结。尽管无法确定历史上是否真正出现过这种绳结，但现在常常将两个同款绳结相互锁扣的技法称为情人结。

经典绳结

是谁发明或发现了各款经典绳结呢？一些相对简单的基础款式想必是无意间，在世界不同地方，人们闲来无事顺手找到一段线材，把玩时恰巧编制出这些绳结。其他款式有可能是通过外国商队和占领军传播到不同地方。假设我们要追溯一款特殊绳结的起源（例如一款极具特色的水壶、罐子或瓶子的吊钩），便需从一个个经手人向前追溯多少个世纪，直至找到这款绳结的发明人（这显然是不现实的假想）。看来，人类历史，至少在有关人类活动这方面，仍有待完善和改进。

制绳材料

人类自石器时代便开始利用身边能够获取的各种材料编制绳子。一万年前的欧洲采猎者仅种植一种作物——亚麻——这种作物并非食物，而是用于编制绳索。古埃及人和波斯人同样利用纸莎草和亚麻制作绳子。历史上甚至有过一只被捉的猩猩利用铺垫物编织绳索并在绳索上荡秋千的记录。

人类不断开发和改进制绳材料的行为并不奇怪。绳子的作用极大，可以帮助人类去探测最深的洞穴，寻找埋藏于地下的石油和铁矿石；牵引负重驮物的动物移居至崎岖的地域生活；捕捉、驾驭或骑乘其他动物；实现跨海航行，寻找宝藏，开拓贸易，甚至进行侵略，建立自己的殖民地。绳子能够将人们分散的劳动力集结起来，建造金字塔这样的伟大工程。中世纪的石匠则借助石块和索具建造起哥特式大教堂和城堡。

植物纤维绳索

正如我们所看到的，直到21世纪，制作绳子的材料仍然源于亚麻和黄麻等植物的茎部纤维，或者剑麻和蕉麻（麻类植物）的叶子，经切碎、精梳和分级处理。通常编制绳子的材质需取用紧连种子（棉）的纤维，各种植物纤维可为绳索编制提供丰富的原材料，例如：纤维丰富的椰壳（椰皮纤维）、马或骆驼（甚至人类）的毛发、枣椰树、芦苇属植物、茅草、羊毛和真丝等。

由于这些原材料均来自大自然，因而我们将此类绳索称为天然纤维绳。这些纤维经过顺时针（右手方向）纺织，形成长长的线绳。多条线绳经过逆时针（自右向左）方向扭捻，制作成绞股。最后，三条绞股经顺时针或右手方向手工叠拧，形成标准的绳索。

无可救药的浪漫主义者（仍然期盼四处航行着横帆式帆船）难免

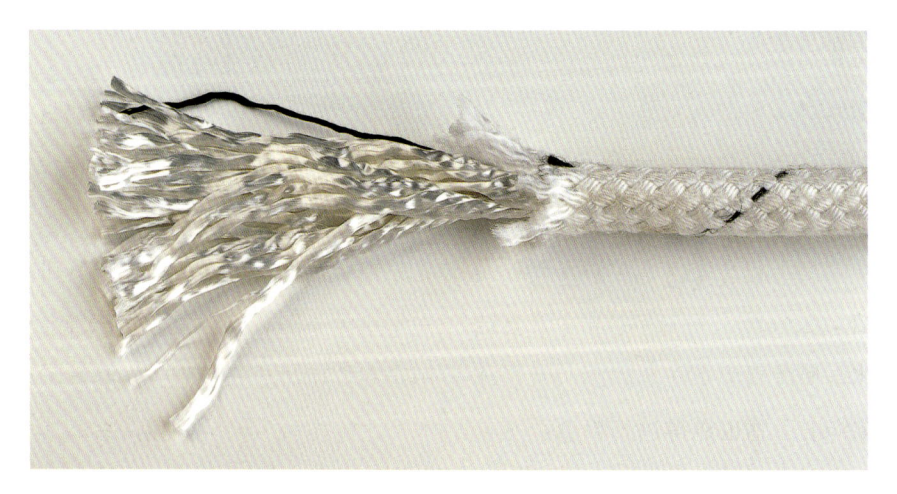

天然纤维绳

一根左手方向（S 捻）绑拧的缆索包含三根右手方向（Z 捻）绑拧的缆绳。许多条植物纤维纺制的线绳从右手方向（顺时针）拧制成绞股，每条绳子均是由三根左手方向（逆时针）扭捻的绞股构成的

合成（人造）纤维绳

直径14毫米（7/12英寸），亚光聚酯纤维材质，16股线套包裹数千根高韧性细涤纶线构成的核心缆

结绳入门

◎ 下图
天然材料制成的植物纤维结绳

◎ 下图
金棕和深棕两种不同颜色的天然纤维绳索

会为天然纤维绳的没落感到遗憾，尽管那种源自天然的味道和金棕色调如此令人难忘。随着合成（人造）纤维绳的出现，天然纤维绳存在的缺点变得愈发令人难以接受。即使将多根绳索并用，形成极粗的直径，与合成纤维相比，这种绳索依然脆弱易损。且除了耐磨性不足外，植物纤维绳索还存在易发霉、易腐烂和易招虫的问题。遇到潮湿环境，天然纤维绳会膨胀（导致绳结无法解开），在寒冷条件下会结冰，使绳索变得脆弱易断。天然纤维绳的手感也显得过于粗糙。

现在，天然纤维绳索已十分少见，只有通过特殊渠道并支付较高的价格才能得到，通常仅在需要复古造型绳索的特定场合能够见到（例如拍古装戏，绑系复古的木质小船，用于室内装饰，作为航海主题酒吧、俱乐部和餐厅的窗户装饰等）。一些敏感的环保主义者则主要出于对滥用宝贵自然资源的担忧，预言人类最终仍将回归天然纤维绳索，采用可再生的农作物材料，减少具有破坏性的生态足迹。

具有通用功能的剑麻绳目前仍在销售。孩子们会在学校的健身房中攀爬优质的软麻绳。椰壳纤维会用于制作艇碰垫。还有专业装配工人使用的防雨绑系绳，以及多种规格的油麻绳同样仍在销售。

在过去，人们只能制造出与制绳厂（户外或长棚）等长的绳子（尽管两根或多根绳子可以进行叠接），但小巧精密的现代设备克服了这一缺陷，通过合成绳材的挤压成型技术，厂家几乎可以生产任何长度规格的绳索。

合成（人造）纤维绳索

20世纪30年代，从事研究工作的化学家研发出人造绳索，其基本元素包括：细长的多纤丝束（其圆形截面的平均直径小于50微米／1/500英寸）；粗单丝（其单体直径超过50微米／1/500英寸）；通过将多纤丝或单丝切割出不同长度制成的断续人造短纤维（长度从2厘米／5/6英寸至2米／2码不等）；以及利用挤压裂膜或纤化薄膜制成的窄平

11

◎ 左图
剑麻纤维看似粗糙多毛，实际上手感十分柔软

◎ 下图
绳索的长度不再受到制绳厂面积（通常为户外或长棚）的限制

带状细绳。在五金商店销售的团状麻绳便属于裂膜制品，这种麻绳色彩亮丽，例如：主要用于花艺，在花卉商店出售的较大号团绳或轴绳（利用圆柱形线轴缠绕的绳索），或者用于农业机械的捆绳等。

在相同规格的前提下，所有这些原材料均令人造绳索比植物纤维绳索更强韧，更轻便。一条三股尼龙绳的强韧度是一条马尼拉麻绳的两倍，然而它的重量却只是马尼拉麻绳的一半，长度可以超过后者四至五倍。许多材料可以染制丰富花色（甚至包括各种炫彩图案）。即使被浸湿，合成纤维绳仍然能够保持强韧，不仅抗张（断）强度高，而且能够承受陡然增加的重负。然而，尽管合成纤维绳可以解决天然纤维绳存在的诸多易磨损问题，但摩擦所产生的热量却会对这种绳材产生较大影响，如：软化、熔化，在极端情况下还有可能造成断裂。

人造纤维绳最常见的材料包括：聚酰胺（尼龙），能够制造出最强韧的人造绳索；聚酯（日常贸易中通常称其为涤纶或的确良）；聚丙烯，日常家庭使用的理想之选；聚乙烯（或聚乙烯化合物），通常缠绕成团销售；还有少量绳材被称为"神奇纤维"（例如：凯夫拉尔纤维、迪尼玛纤维或光纤），这些原材料均代表着最时尚，最先进，同时成本也较高的制绳工艺。尼龙分为两个等级：杜邦实验室研发的尼龙-66是首款适合制绳业的优质人造纤维，随后I.G.法本公司又研发出了尼龙-6。涤纶是由英国人在从事卡利科印染工作者协会研究时发明的，其专利权后归帝国化学工业公司所有。

◎ 右图
人造绳索比天然绳材更顺滑，更强韧

人造材料

"神奇纤维"

凯夫拉尔纤维（1965年由杜邦实验室研发）是一种具有良好耐湿性和抗腐蚀能力的有机聚合物。在相同重量下，凯夫拉尔纤维的强韧度是尼龙的两倍，但弹力较弱，因而主要用于替代升降索。此外还有光纤或高模数聚乙烯，这种超轻聚乙烯（市场还将其称为"迪尼玛"或"海军上将-2000"）的生产厂家为联合化学公司。该材料拥有惊人的抗张强度，甚至强于不锈钢，自1985年上市以来，似乎已开始替代凯夫拉尔纤维。虽然价格高昂，赛艇选手或登山者依然乐于选购，因为对这一人群而言，竞争力和安全系数胜过一切，但这种材料尚不适合日常结绳使用。

聚酰胺（尼龙）

聚酰胺是最强韧的人造绳索（尽管遇水强度会降低10%—15%），且成本比涤纶更低廉。此外，聚酰胺还弹性十足，无论任何重物将这种绳索拉伸10%—40%，在重物取下后，绳索均可恢复本来长度。这种特性最适合用作系船索，或者拖吊和攀岩绳，但在空间有限的洞穴或拥挤的系泊处，这种高弹力的绳索反而会带来麻烦。由于不具浮力，尼龙绳还适合当作游艇的锚索。白色尼龙绳是最佳选择，因为着色会令纤维的强度损失10%（当然，在以强度为代价的同时也会收获许多乐趣）。尼龙绳的熔点高至260℃（500℉），大大降低了摩擦生热导致绳索熔化的风险；但仍应格外小心，同所有合成材料一样，即使温度远未达到熔点，绳索也会出现软化现象，强度将遭受不可逆转的损失。聚酰胺拥有出色的抗碱（抗酸性略弱）、抗油和有机溶剂的性能。面对日光中紫外线的光降解作用和日常磨损也具有不错的抵抗力。该产品的国内消费者可能很少了解，尼龙绳是深海拖吊的推荐绳材，同时被广泛应用于近海石油行业。

聚酯（涤纶，的确良）

聚酯的强度仅是尼龙的四分之三（但干湿状态下能够保持强度恒定），弹性不足尼龙的一半，生产时采取预拉伸工艺，可进一步消除聚酯中潜藏的弹性。因而在索具、板材和升降索等无需弹性、要求抗张力高的领域，聚酯成为首选材料，甚至替代了金属线。聚酯同样具有抗酸（抗碱性略弱）、抗油和有机溶剂的性能。同尼龙一样，聚酯绳不具有浮力，熔点与抗紫外线的能力也与尼龙基本相同，只是聚酯绳的抗磨损能力更为出众。

聚乙烯（聚乙烯化合物）

聚乙烯价格低廉、轻便（在水中几乎没有浮力）、弹力不大，具有良好的耐磨性和耐用性，在四种"聚酯"类材料中的熔点最低。这种材料通常在五金店成团出售，广泛应用于垂钓领域，但对多数结绳而言，它的硬度和弹力过大。

聚丙烯

就性价比而言，此类绳索介于植物纤维与优质（尼龙，涤纶）人造纤维绳索之间。聚丙烯由多纤丝、单丝、人造短纤维或裂膜纤维制造而成，在人造纤维中用途最为广泛。这种绳材的生产和销售规模庞大，售价适中，主要通过五金和DIY商店销售，供日常生活使用，不适于任何高强度、高风险环境。聚丙烯绳材的抗断强度是尼龙的三分之一至二分之一，熔点则大大低于尼龙，约为150℃（302℉），因而在任何摩擦力产生热度接近这一熔点的环境下，聚丙烯绳材均无法使用，但由于聚丙烯是重量最轻的人工合成材料，浮力极强，自然成为救生绳索和滑水拖绳的首选。聚丙烯的抗腐性能强，对于大多数酸、碱、油均具有抵抗力，但易受漂白剂和部分工业溶剂的侵蚀，一些廉价品牌在日光下会出现变质现象。有一种浅棕色绳材，虽然采用聚丙烯材料制作而成，但形态却与天然麻类绳材十分接近，特别适合偏爱传统绳索的使用者，不仅性能可靠、经久耐用，而且价格低廉。

绳索类别

植物纤维较短，须经过纺织和扭捻才能制作成编绳所需的纱线和绞线。正是无数根纤维末端为传统绳材塑造出特有的毛绒质感，使之具有良好的抓握力。长长的人造纤维丝可与所造绳材保持相等长度，因而人造绳索显得更加顺滑，除非制造者故意将纤维丝剪断，改造为人造短纤维，以模仿传统天然绳索特有的抓握性能。制造过程中选用的纤维和线材越多，绳索越厚重。通常情况下，如果A绳索的直径是B绳索的两倍，则A的强度会达到B的四倍（因为横截面积翻了两番）。

捻绳

在生产过程中通过正捻与反捻两种方式，可使绞线并为一体，形成特有的几何特性，具有相应的强度和弹力。如果在制绳过程中未进行高强度的拉伸，成品会显得松软柔韧（软捻绳），而经过高强度拉伸的产品则更为硬挺（硬捻绳）。硬捻绳的耐磨损能力强，但软捻绳更适合编制绳结。我们将三股绳称为缆绳（搓绳也是如此）。三股缆绳从反手方向捻制后形成九股麻花绳。四股绳（四股正搓绳）较为少见，这种制绳工艺会不可避免地在绳索中心形成中空，需要添加一条绳芯。反手缆绳（和正手麻花绳）更为稀少，但也会偶尔使用。在纺织工人、织布工人和穗带编织工人中，针对交替扭捻和反捻方式编制的纱线、绞线和绳子，惯用术语为S捻（反手）和Z捻（正手）。

辫绳

天然纤维辫绳绳索十分少见，仅用于信号旗绳和拉窗绳。合成材料制成的辫绳绳索则被广泛应用，多股绳索尤其受到欢迎。8编或16编（辫）柔韧性更强，但伸缩性弱于捻绳。在负重后，辫绳绳索不会出现扭结现象，也不会自行旋转（捻绳则往往出现该问题）。虽然部分绳索是中空的，但绝大多数辫绳绳索添加了独立的绳芯，为绳索增添了强度、弹性或其他重要性能，而外层护套则进一步提升了绳索品质，为绳索表面添加更多特性，例如：更大的摩擦力，更加舒适的手感，更强的抗腐蚀性，对阳光和化学品的抵抗力等。绳芯可采用多种不同形式，包裹在辫绳外套内的核心股绳可选用辫绳、捻绳，也可将多纤丝、单丝或线绳平行顺放。众所周知，辫芯辫绳是结构最坚固的绳索。在各种绳索中，合成纤维辫绳的应用范围最为广泛。

1　　2　　3　　4　　5　　6　　7　　8　　9

编绳

利用8根或16根绳子，通常为尼龙绳，成对编织，形成巨型油轮专用的系泊绳索。

包芯绳

攀岩绳属于一种特殊的绳索，通常是指欧式设计的夹心绳（包芯绳）。静力绳需要承载登山者的全部体重，因而设计上旨在抗磨损、抗撕裂，以及应对突发性瞬间坠落事故；动力绳则主要为了确保使用者的安全，通常不承担负重功能，但弹力和内在强度更加出色，可应对潜在的严重坠落事故及难以控制的旋转扭绕现象。单索的直径约为11毫米（2/5英寸），正负5毫米（1/4英寸）。半索的直径为9毫米（3/8英寸），正负2毫米（1/12英寸），通常需要两根并用。攀岩绳需要具有较高的熔点，以吸收速降（垂降）和拴系保护过程中产生的热量。如需了解不同绳索的具体性能，请查阅UIAA（国际登山联合会）的认证标签。

登山辅绳主要用于悬吊和其他衔接功能，目前在售的辅绳直径为4—11毫米（1/6—2/5英寸）。

编织尼龙带的宽度为10—75毫米（5/12—3英寸）不等，但最常见的规格为25毫米（1英寸）。管状带（近似于扁平的中空管）质地柔软，便于操控和打结，但平织带（类似于汽车安全带）更加强硬，耐磨损能力佳。这种绳材用途广泛，价格低廉，不仅可用作马具、腰带和悬吊带，同时也是汽车和货车拴系行李架的理想之选。

绳索类别说明

1　8股尼龙绳，直径16毫米（2/3英寸），辫绳锚索。

2　3股尼龙绳，直径14毫米（7/12英寸），缆绳。

3　3股涤纶绳，直径14毫米（7/12英寸），缆绳。

4　3股捻纺涤纶绳，直径14毫米（7/12英寸），缆绳（仿天然纤维绳效果）。

5　3股单丝聚丙烯绳，直径14毫米（7/12英寸），缆绳。

6　3股人造短纤维捻纺聚丙烯绳，直径14毫米（7/12英寸），缆绳。

7　16辫亚光涤纶绳，直径14毫米（7/12英寸），辫芯辫绳，含特色绳芯（绳芯本身为16辫涤纶绳，中心又包裹一条8辫绳），形成3个同心层。

8　16辫亚光涤纶绳，直径16毫米（2/3英寸），辫芯辫绳（同上，含双层绳芯）。

9　16辫预拉伸涤纶绳，直径16毫米（2/3英寸），辫芯辫绳（含8辫绳芯）。

10　16辫迪尼玛纤维绳，直径12毫米（1/2英寸），辫芯辫绳（含双层绳芯）。

11　16辫迪尼玛纤维绳，直径10毫米（5/12英寸），辫芯辫绳（含双层绳芯）。

12　16辫聚丙烯绳，直径9毫米（3/8英寸），辫芯辫绳（含8辫硬搓绳芯）。

13　16辫涤纶绳，直径6毫米（1/4英寸），包芯绳（绳芯为4条3股线绳）。

14　8辫亚光涤纶绳，直径10毫米（5/12英寸），辫芯辫绳（含8辫绳芯）。

15　8辫多纤丝聚丙烯绳，直径8毫米（1/3英寸），辫芯辫绳（含8辫绳芯）。

16　8辫预拉伸涤纶绳，直径6毫米（1/4英寸），包芯绳（绳芯为3条3股线绳）。

抗断强度

绳索厂商的说明册或宣传页上通常会提供该厂各款绳索的平均最小抗断强度列表。然而，由于每家企业选用的测算方法和设备各不相同，导致企业间的数据存在较大差异，用户难以相互比较。

产品规格

绳索的产品规格总是令人费解，例如：一条"系泊索"（为专业用户而设计），在耐磨的聚酯外层内可能还包裹着一条具有弹性的尼龙绳芯，而许多批量生产且价格低廉的绳索主要面向家庭用户，其强韧度则差了许多。不过，您可以通过如下介绍大致了解主绳特性和绳索种类：3股或8辫结构，直径4毫米（1/6英寸）的尼龙细绳，最小抗断强度约为320公斤（705磅），力度相当于两名体重159公斤（25英石）的日本相扑运动员相互拔河。在直径相同的前提下，标准的3股聚酯绳强度则要略低，约为295公斤（650磅），但改为8辫结构并进行预拉伸处理后，这一数值可达到450公斤（990磅）。同样直径的聚丙烯绳则展现出更大的变化幅度，从140公斤（309磅）、250公斤（551磅）到430公斤（925磅）不等；聚乙烯绳的抗断强度为185公斤（408磅），而直径4毫米（1/6英寸）的迪尼玛纤维绳、海军上将-2000和光纤绳的平均抗断强度则令人超乎想象，可达到650公斤（1 432磅）。如果天然纤维绳想达到相同效果，马尼拉麻绳需要将直径增加25%，达到5毫米（1/5英寸），剑麻绳则需要将直径增加33.3%，达到6毫米（1/4英寸）。

大号绳索

由细尼龙绳构成的直径10毫米（5/12英寸）的3股缆绳，最小抗断强度可提升至2 400公斤（5 292磅），约为2.5吨，相当于一辆大型机动车的重量。同样，对于聚酯绳来说，这一数据的平均值则要略低些，约为2 120公斤（约2英吨）；聚丙烯绳约为1 382公斤（11/3英吨）；聚乙烯约为1 090公斤（1英吨略多些）。迪尼玛纤维、海军上将-2000和光纤绳则表现出较大差距，可达到4 000公斤（约4英吨）。相同规格的马尼拉麻绳仅能达到710公斤（1 565磅），剑麻绳为635公斤（1 400磅）。

最后，让我们来看看大号的直径24毫米（1英寸）绳索，各款绳材的平均抗断强度分别为：尼龙=13公吨（12.8吨）；聚酯=10吨（9.8英吨）；聚丙烯=8吨（7.9英吨）；聚乙烯=6吨（5.9英吨）；迪尼玛纤维、海军上将-2000和光纤=惊人的20吨（19.7英吨）。即使采用质量最佳的马尼拉麻绳，也需要型号加倍（强度翻四倍）才能达到相同的标准。

○ 左图
植物纤维绳索强度较低，且使用寿命也短于合成纤维产品

天然纤维与合成纤维绳索比较

	天然纤维				合成纤维			
	剑麻	棉	大麻	马尼拉	聚乙烯	聚丙烯	聚酯	聚酰胺
冲击负荷	●	●	●●●	●●	●	●●●	●●	●●●●
手感	●	●●●●	●●●	●●●	●●●	●●●	●●●●	●●●
耐用度	●	●●	●●●	●●	●●	●●	●●●	●●●
防腐性	●	●	●	●	●●●	●●●	●●●	●●●
抗紫外线	●●●●	●●●	●●●	●●●	●●	●	●●●	●●
耐酸性	●	●	●	●	●●●	●●●	●●●	●●
耐碱性	●●	●●	●●	●●	●●●	●●●	●●●	●●●
耐磨性	●●	●●	●●●	●●●	●●	●●	●●●	●●●●
保存	干爽	干爽	干爽	干爽	耐湿	耐湿	耐湿	耐湿
浮力	无浮力	无浮力	无浮力	无浮力	弱浮力	强浮力	无浮力	无浮力
熔点	无关	无关	无关	无关	约128℃（262℉）	约168℃（302℉）	约245℃（473℉）	约260℃（500℉）

图例：● 差　●● 中　●●● 良　●●●● 优
* 注意：低温时绳索强度会弱化 20%—30%

总结

以上数据将日常磨耗、撕扯（包括打结）、损坏或不当使用（例如：冲击负荷或过度摩擦）忽略不计。因此，实际使用中的安全负载量应显著低于标记数值，约为标记强度的五分之一至七分之一。同样，实际购买的合成纤维绳索强度应大大高出需求标准。例如：一条4毫米（1/6英寸）的绳索虽然足以承载计划起吊的重量，但它仍无法应用于本需匹配25毫米（1英寸）绳索的滑车组，且这种使用方式在拉拽时的手感也不够舒适。

结绳爱好者通常无须了解绳索的分子结构或图标中注释的测试数据。洞穴探险者、登山运动员、飞行员（滑翔机和超轻型飞机），以及所有从事高风险工作或运动的人士（从太空航行到深海探测），均可通过绳索的生产厂家获取详细的技术数据。而对于普通用户而言，大致了解绳索的主要类型便足以指导我们去理性明智地选购绳索啦！

绳索储存与保养

请勿将绳索或其他小物（如棉线、尼龙线或细绳）长期暴露在强光下。尽量避免发生化学污染（如：汽车电池酸液泄漏）。合成纤维类绳索需特别注意隔离摩擦产生的热量、营火或乙炔切割炬喷溅的火星，以及其他任何形式的燃烧物。被浸湿的绳索切忌结冰。尽量将绳索保存在阴凉、干爽、通风的地方，理想湿度为40%—60%，温度为10—20℃（50—70℉）。被染污的绳索可使用温水清洗，将纤维中的细小磨粒清除，然后轻柔吹干。当航海季结束时，请将长期接触盐晶的绳索用淡水浸泡并冲洗。恶劣环境下的鲁莽操作或与滑轮、楔子及导缆孔的不当搭配均会磨损绳索，而日常使用或长期将绳索应用在同一位置也会不可避免地对绳索造成损耗。即使精心保存的新绳索，也会因老化问题降低性能。

◎ 上图
包裹 & 收卷盘绳
绳子和小号绳索均可采用这种方式，放在机动车行李箱（后备厢）进行运输，通常在行程结束后不会造成绳索的缠结

◎ 左图
攀山盘绳
登山者均习惯采用这种方式携带绳索

绳索的检测方法

使用者需定期对绳索进行检查，在良好的光线下，逐米（逐码）查看绳索是否出现松懈、磨损、线绳表面断裂及绞股被割断的情况。某些表面松懈起毛的现象是不可避免的，不会造成严重损害，只需在今后的使用中稍加保护

结绳入门

◎ 下图
8字盘绳法
零售店店主常用的盘绳方法，带有一个便于悬挂的线环

◎ 下图
消防员盘绳法
美观简便的盘绳方法，人人均应掌握

用绳索（任何人在任何时间均可使用）生命周期仅为两至三年，但个人专用并恰当养护的绳索可使用四至五年，之后须改作教学绳材或其他日常用途，不得再供攀岩使用。

业内有一种说法：那些有点小脾气、感觉不易驾控、偶尔不听话的绳索是性能最佳的绳索，与之相反，那些柔软顺从、感觉得心应手的绳索反而应当废弃。这种说法有一定的道理。绳索切忌踩踏，可以夹捏、弯扭，或从高空抛落。使用完毕后请将绳索松松盘绕，悬挂在墙壁挂钩上。

即可。化学污染会使绳子表面出现斑点，绳体软化。高热造成的损害较难察觉，除非已造成明显的熔化或光秃现象。我们可以通过掰开编捻的绞股来查看绳索内部的损坏程度，但辫状线绳可能会将磨损位置掩盖住（例如：外层状态良好，未出现明显磨损，但绳芯的强度已明显弱化）。

因此，在针对辫绳做风险评估时，需考虑绳索的近期使用和不当操作情况。已磨损的绳索能够看出老化迹象。绳子变得细长（拉伸度减弱），直径缩小，两根绞股间的排线角度变得尖锐。包芯绳会出现错位现象，外层与绳芯脱离。攀岩绳与起重绳在远未达到如此老化程度时便须提前停用。每条绳索均需建立单独的使用日志，将历次使用情况进行记录。社团俱乐部的公

结绳工具

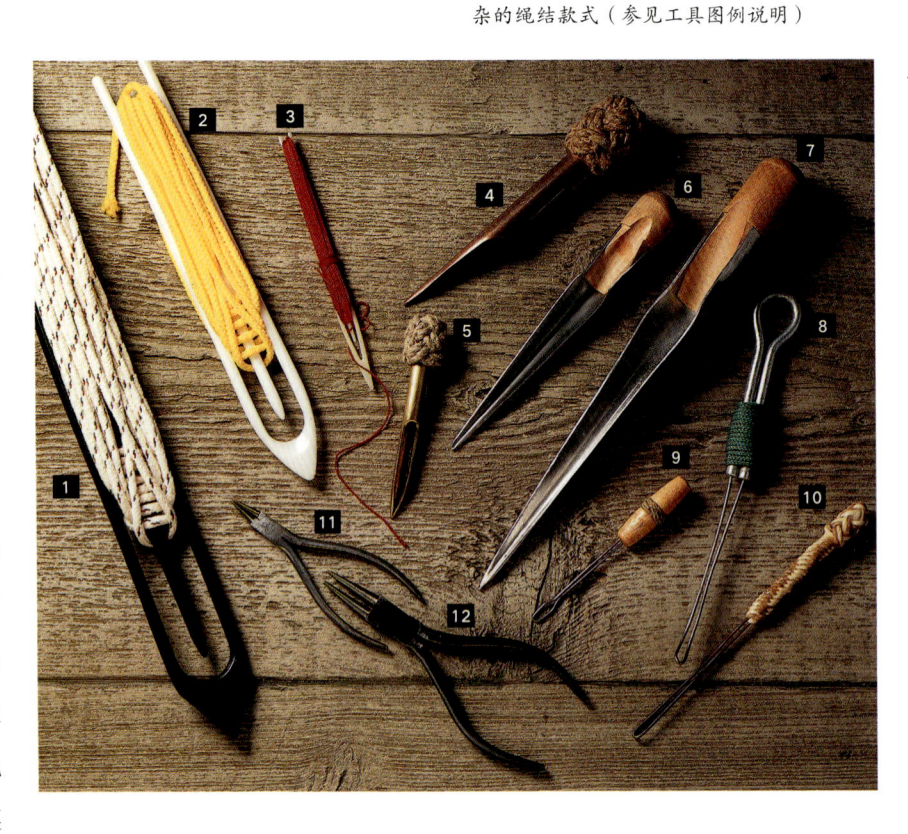

切割绳索时需要使用尖锐耐用的工艺刀具，而普通剪刀只能用于剪切较细的线绳。书中多数的绳结款式可徒手绑系，偶尔需借助圆珠笔的尖头协助戳刺。少数款式（例如：土耳其球形结）可能需要如下工具辅助完成。

球柄木钉

由绳索工匠斯图尔特·格兰杰（Stuart Grainger）手工制作，款式近似于小号瑞典硬木钉，经改良后，钉尖可固定绳头，在木钉回拉时，可拉拽绳头穿过绳结。两种规格分别适用于直径7毫米（3/10英寸）或12毫米（1/2英寸）的绳索。

织网梭子

可代替绕线轴，暂时保存待用的少量绳索，避免缠绕打结，规格从11.5厘米（4 1/2英寸）至特大号30厘米（12英寸）不等，甚至还有长度更长的规格。尽量选用外表经抛光处理的梭子，避免表层粗糙不平。卖家会指导用户如何使用。

圆嘴钳

遇到交叉点过多的绳结时，方便拉紧结扣。多数商业街区的五金店或DIY超市都可以买到。选购时需与结绳的规格相匹配：小号圆嘴钳（也称为首饰钳）的总长度约为10厘米（4英寸），大号长度可超过15厘米（6英寸）。

瑞典硬木钉 *

主要用于拨开可供绳头穿出或拉拽的开缝。您可通过游艇配件商店或专业级的绳索用品店购买，长度约为15厘米（6英寸）至38厘米（15英寸）。注意选购型号须与绳索规格相匹配。

金属套圈

通常需选用直径为0.25厘米（1/10英寸）以下的硬钢丝或带有弹性的金属丝自行制作，将金属丝牢牢插入手柄。在绑系较小的绳结时，金属套圈是用来替代硬木钉的必备工具。

◎ 下图
攀山盘绳
有了几款顺手工具的辅助，便可轻松完成复杂的绳结款式（参见工具图例说明）

工具图例说明	
1	织网梭子（大号）
2	织网梭子（中号）
3	织网梭子（小号）
4	球柄木钉（大号）
5	球柄木钉（小号）
6	空心"瑞典"硬木钉（小号）
7	空心"瑞典"硬木钉（大号）
8	自制金属套圈（大号）
9	自制金属套圈（小号）
10	自制金属套圈（中号）
11	首饰钳
12	圆嘴钳

切割 & 绳头固定

在切割任何天然纤维绳索前均须进行缠绑，以防绳头松散。通常在缠绑绳索时不建议使用胶布（尤其不应在已完成的结绳上使用），但在准备阶段却常使用胶布暂时固定，以避免绑系绳索的麻烦。用胶带裹住准备切割的位置，然后将胶带迅速切成两半，这样切割好的两根绳头均裹有胶布。或者，您也可以在切割点两侧各打一个紧结或收缩结。

加热 & 密封

这种方法目前被制绳工人和索具装配工人广泛采用。经过热封的绳头无须进行绑系或胶布缠裹。绳索生产厂商和销售商会采用电动的热封刀一次性完成切割和密封绳索的工作。然而，这种设备对于多数绳索使用者而言成本过高。事实上，在处理小号绳索时，火柴产生的黄色火苗便能起到相同的效果。如需处理直径较粗的绳索，或希望同时热切多根绳索，可利用喷灯产生的蓝色火苗加热废旧的折叠刀刀刃，直至刀尖和刀刃变红为止。每隔几秒钟进行重复加热，以便切割出整齐的切口。尼龙遇热会熔化、滴胶并燃烧，伴有白烟，味道近似鱼腥味或芹菜；有时甚至会形成火苗（可轻松吹灭）。聚酯遇热同

绑系方法

1 在切割点两侧各系一个伸缩结。

2 绳结绑系好后，在中心点垂直切割。

绑系方法

1 利用胶布在绳索上缠裹1—2圈。

2 在胶布缠裹区域的中心点上垂直切割。

热封 1

利用热封刀或刀刃已加热的小刀（本图未展示），可将绳索或直径较小的绳子整齐切割并热封。

直接利用火柴或打火机产生的火苗进行热封，这种方法虽然快捷，但封口较粗糙。

样会熔化、滴胶并燃烧，伴有浓重的黑烟，发出近似蘑菇的味道。聚丙烯和聚乙烯的熔点较低，遇热迅速收缩。您可将加热软化的绳头捏合，在绳头变硬前利用拇指和食指揉捏即可，但需事先将食指蘸些冷水，否则可能会出现烫伤或水疱。如果一种合成绳索在烧焦甚至燃烧的情况下依然没有熔化，那么这种绳索的材质可能是利用木浆合成的人造丝。

术语 & 基础技法

在英语中，结绳圈的业内人士将绑系绳结的人称为tyer（打结者），建议不要写作tier，因为后者在书写时容易出现歧义。

基础术语

在绑系过程中主要用于操作的一端称为绳头，钓鱼爱好者也将其称为活动端；而绳子的另一端则称为绳尾或静止端。将绳索对折，两部分并列后形成一个绳环。如果是将手中的一小段绳索弯折后取中心点，我们称其为对折。如果绳索相邻两部分进行交叉，绳环便成为绳圈；经过多次扭拧，便会产生多个弯绕，而围绕绳尾进行多圈缠裹，使绳环或绳圈形成一个临时性的索眼，我们将其称为扎头。任何绳圈被过度缩小后均会产生变形，使绳索受损，形成折裂。

说明

本书部分绳结款式的图解采用超粗绳索进行演示，绳索型号远大于实际应选用的型号。例如：绳端结和渔夫结本应选用单丝材质的细线。这种演示只是为了令绳结的绑系过程更加清晰明了。用于钓鱼的单丝鱼线经常采用典型的桶形绳结，与大号绳索相比，这种纤细的绳结不易系紧，但只需多花一点时间和耐心，便可以塑造出理想的形态，达到使用过程中需要的紧固程度。

缆绳通常是指各种直径10毫米（5/12英寸）的编绳、辫绳或捻绳（由绞股构成），但偶尔也有例外〔例如：部分攀岩缆绳的直径为9毫米（3/8英寸）〕。细于缆绳的产品则称为索、绳、线或丝。缆绳和索带统称为绳索，但更普遍的叫法是绳材。具有特定功能的绳索被称为缆（包括：船缆、晾衣绳、救生索、甩绳或抛绳等），甚至具有特定的名称（如：系索、绑索或套索）。跨越中间区域，用于拉拽较重抛绳的轻型甩绳或抛绳也称为引缆。编绳和辫绳几乎可以互换，但有人认为辫绳是扁平形状的，而编绳的横截面则是三维立体的。

制绳工人通常会通过将绳子"绕弯"的形式来检测摩擦力的大小。从绳头起预留一段绳索后向绳尾方向弯折，使之与绳尾部分并列，扎紧后便形成了一个圆结。单层结可变为双层结，打三层（或多层）结时则应按照前面环绳头已打好结扣的引领。一个结扣内摩擦力最集中的位置称为压印线。最终固定绳结，防止绳结散乱的收拢圈称为锁圈。反手环是最简单的打圈方式，绳头应置于绳尾上方，如果绳头从绳尾下方穿过则称为下搭环。

结绳基础技法

多数绳结的绑系方式不止一种。书中图示主要选用简单易学或便于演示的绑系方法。结绳高手们不断研发出各种巧妙的结绳手法，如同变戏法般精彩。我们可以采用如下方法来解密这些高手上演的结绳戏法：拿到一个打好的绳结，采

结绳入门

1 通常，我们利用绳头来绑系双套结。

2 但将绳结从一侧滑出绑系后，绳结便会散开。

3 在脱离绑系物后，绳结将复原成绳索打结前的原状，不会留下任何痕迹。

4 我们重新打双套结时，取中段，先弯一个下搭环。

5 之后紧挨着第一个线环打第二个下搭环。

6 扭转两个绳环，使之重叠在一起。完成后的双套结便可重新滑回绑系物。

用逆推方法，分步解开绳结，查看整个打结过程。你也许会发现完成绳结的其他捷径，有时间就利用自己的方法重新绑系这款绳结吧！

"取中段"绑系绳结是指在绑系过程中无须使用绳头。当一个套钩结或一个捆缚结从绑系物上滑下后便彻底散开时，或一个环状结在无须绳头操作的情况下便可以解开（也可以称为"中段解扣"）时，这款绳结便可以取中段绑系。这便是由哈利·亚瑟在20世纪80年代中期提出的"中段套结定律"。可以利用这种方法绑系的结绳款式之多一定出乎你的意料。了解这一定律后，结绳爱好者便可分辨出相似绳结间的细微差异，例如：袋口结可以取中段绑系，而米勒结则无法采用这种方法。

多数绳结需慢慢逐步绑系，以便在依序收紧绳头、绳尾前能够消除松动和空隙，最终绑系出的绳结紧凑牢固。

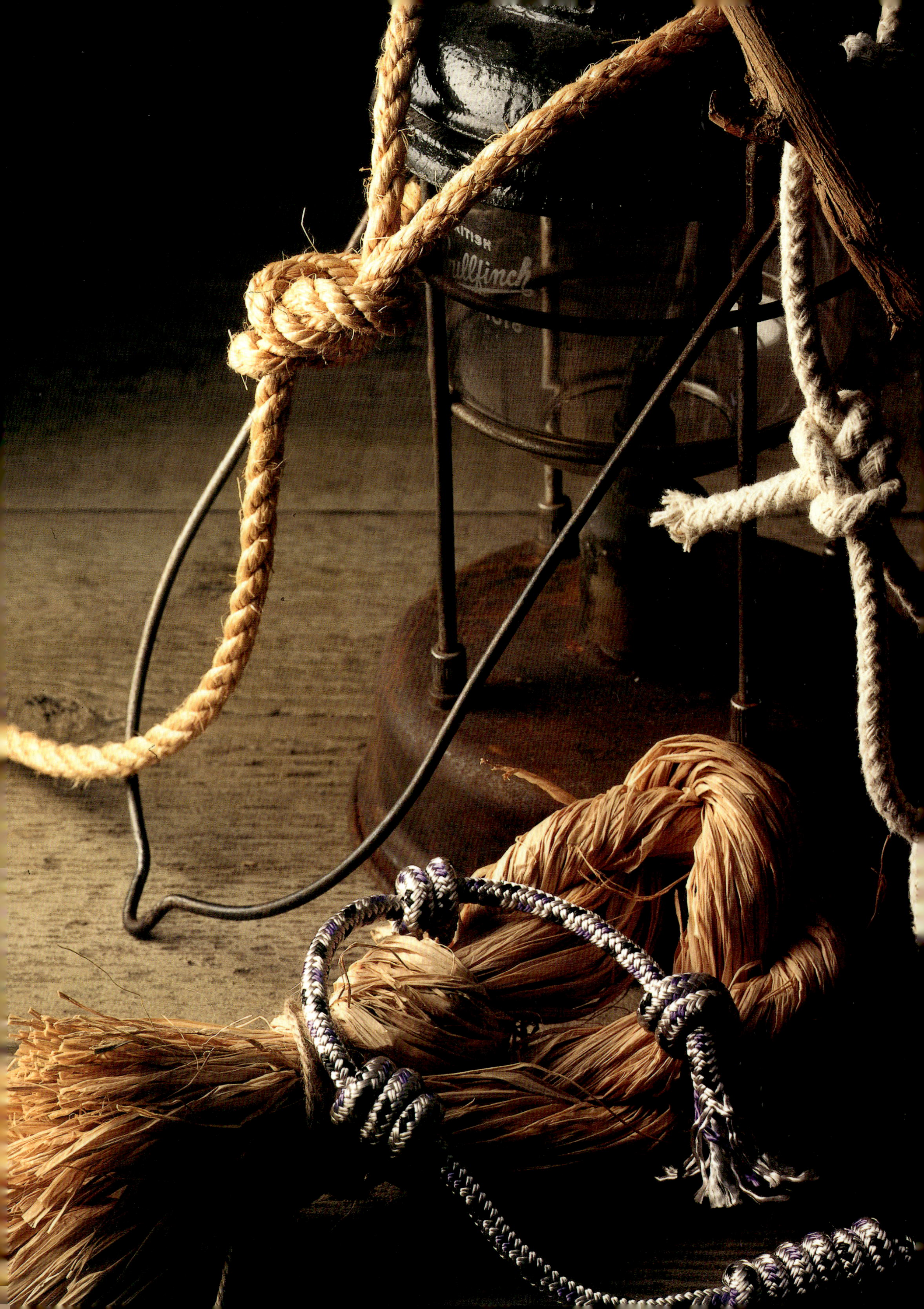

基础缠绑结、衔接结和套钩结

"每款绳结均是对摩擦力的充分运用……技法的高度简化必然导致效力的损失。"
（布里昂·托斯，《装配工入门》，1984）

所有绳结可大致归纳为三种类型：缠绑结、衔接结和套钩结。套钩结的作用是将缆绳与柱子、栏杆、帆桄、圆环或另一根缆绳衔接起来；衔接结主要用于衔接两根绳索；除套钩结和衔接结之外的所有绳结均可统称为缠绑结（包括：止索结、捆缚结和环状结等），只不过"缠绑结"这个名称在使用过程中界定不够分明，有时衔接结和套钩结也被笼统地归入缠绑结。现在就来感受下这20款基础绳结是多么简单易学吧！您只需准备两条软塞绳，每条长度为1—2米（3—6英尺），直径为5—10毫米（1/5—5/12英寸）。

防止绳索磨损的最佳方法便是对绳端进行加固处理。如果您希望寻找比胶布缠绕、绑系和热封处理更加美观的加固效果，可以尝试缠绑的方法，本章将为您详细介绍四种绳端缠绑法。

基础结、反手结或拇指结

这是最基础的止索结款式，可防止细小的绳材（线、丝、绳）出现散口或从穿过的洞孔中退出。这款绳结的主要用途包括：穿针后打结固定；在海滩玩耍时，扎住手帕的四个角来收纳零钱，或任何临时需要口袋收纳小物时都能派上用场。这款绳结的绑系方法简单至极，人人均可无师自通。

1 在准备绑系的细绳上弯一个反手环。

2 将绳头穿入已弯好的线环，同时拉拽绳尾将绳结收紧。

反手活结

活结套环可以快速拆解绳结，同时也可以通过在拉环处再打结的方式扩展并加固已完成的绳结。活结套环本应在结绳过程中被广泛使用，但却往往被结绳爱好者小视或低估，因而本书将在不同款式中大力推荐活结套环的应用。

按照常规方法打一个单扣反手结，但保留绳头不要完全拉出。

双股反手结

这是另一款小孩子也能学会的绳结。这种绳结的体积较大，适用于棉线或日常家用线绳，便于将多条同向绳索固定，例如：可以防止暂时不用的睡衣、泳裤或运动裤（休闲裤）腰带掉落丢失。

说明：这款绳结不属于衔接结，因为两条绳索并非由相反方向进行衔接。

1 在准备绑系的细绳上弯一个反手环。

2 将绳头穿入已弯好的线环，同时拉拽绳尾将绳结收紧。

双重反手结

与单扣反手结相比，这款绳结更加粗大，虽然无法用于封阻更大的孔眼，但却是绑系其他绳结必不可少的基础技法。

1 打一个反手结，但需将绳头多卷一圈。

2 轻拉线绳两端，同时向相反方向扭拧。如同范例所示，左手拇指向打结者上方移动，右手拇指向下方移动。线绳会表现出自己的运动轨迹，双手顺势拉动。此时一个对角绳结会自动形成包裹状，随其自然成型即可。同时拉拽线绳两端，将绳结收紧。

三重（多重）反手结

通过将线绳进行三圈（或多圈）基础的卷绕，便可形成三重或多重反手结。这款绳结可以起到将绳索缩短或进行装饰的作用，例如：修女和修道士腰间绑系的绳带，上面的三个绳结象征着他们所发的三愿。

2 轻拉绳索两端，向不同方向旋扭，绳索呈现出一条斜向包裹状的弯曲线环。

1 打一个双重反手结，之后再将绳头进行第三圈盘绕。

3 调整新形成的线环，使其将其余绳结顺势固定。继续拉拽两端将绳结收紧。

压绑结

环绕绑系物形成的双重反手结称为压绑结。我们可以利用这款绳结来固定绳索的切割端，防止绳头散口；也可以用来固定任何卷状物，如：地毯、工程图和壁纸等；还可以用于紧固胶水失效的各种DIY小物。虽然本书还会介绍其他高效的捆绑结，但对于初学者而言，这款绳结的效力毫不逊色。建议尝试保留活结套环的打法哦！

1 打一个双重活结，但绳索需保持松懈状态。

2 确保包裹线环呈对角方向置于两个绳结之间，然后将需要绑系的物品插入，拉拽两端将绳结收紧。多余的绳头可适度剪切。

单扣套钩结

这款绳结通常也称为半套钩结，单独使用时的固定作用不够牢靠，仅适用于无关紧要的临时性固定（采用活结会更加便利），但这款绳结是其他高效套钩结常用的收尾方法。

1 围绕某种质地坚硬的物品（如较粗的签字笔）打一个普通的反手结，注意观察通过这种变化，绳头的圈套状态。

2 预留出较长的绳头，不要将绳头完全拉出，便可形成方便拆解的活结套环。

双重半套钩结

双重半套钩结是线绳衔接圆环、栏杆等物品的可靠方法。两个绳结的绑系方法始终完全保持一致，即：在绑系两个绳结时，绳头环绕绳尾的方法完全相同。

1 利用绳头绑系一个半套钩结。

2 再打一个完全相同的半套钩结，轻轻拉紧，衔接完成。

环编双重半套钩结

这是一款经典套钩结，拥有较强劲的固定效果，绑系方法通过名称便可一目了然。这款绳结可用于固定船只、拖拽故障车辆或固定货物。

1 环绕锚具绕一圈，将绳头与绳尾并行，打一个半套钩结。

2 再打一个完全相同的半套钩结，这款牢靠的绳结便完成了。

反手半套钩结

这款套环绳结用途广泛，织布工人用它装配织布机，因纽特人（爱斯基摩人）用它衔接琴弓，垂钓者将它用作钓具的接钩绳，还可以绑系包裹。有时这款绳结也被称为包装结。

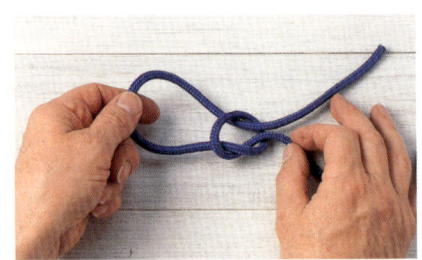

1 打一个带有大大套环的反手结，将套环调整至所需大小。

2 利用绳头环绕绳尾盘系一个半套钩结。分别拉拽套环的两根绳索，将绳结收紧。

基础缠绑结、衔接结和套钩结

反手环结

这款基础绳结适用于较细的绳索，在开始捆扎包裹或为捆绑物加固时会常常用到。由于不易拆解，因而这款绳结通常需要直接剪断，绳索无法重复利用。

1 将绳索一端对折（形成一个绳环），在双绳端再弯一个圈。

2 打一个反手结，此处需耐心地将打结处的双绳进行整理，使双绳在打结处始终保持平行。分别拉拽绳结处的四条绳索，将绳结收紧。

双重反手环结

这款绳环比上一款更为粗大，也略微结实一些。使用后无须拆解，请直接剪开。

1 在一个较长的绳环上打一个双重反手结。

2 理顺绳结处的缠扭部分，收紧松懈处，直至绳结成型。然后再逐步收紧，依次拉拽绳结处的四条绳索。

31

外科手术环结

这款绳结由三重反手环结构成，经过多重卷绕后绳结变得更加结实耐用，尤其适合绑系钓线。建议使用一次性绳索绑系这款绳结，使用后不易拆解，请直接剪开。

1 弯一个较长的线环，在线环上打三重反手结。

2 梳理不平整的位置，利用手指将绳结调整为桶状。垂钓者可利用唾液增强单丝钓线的润滑度。

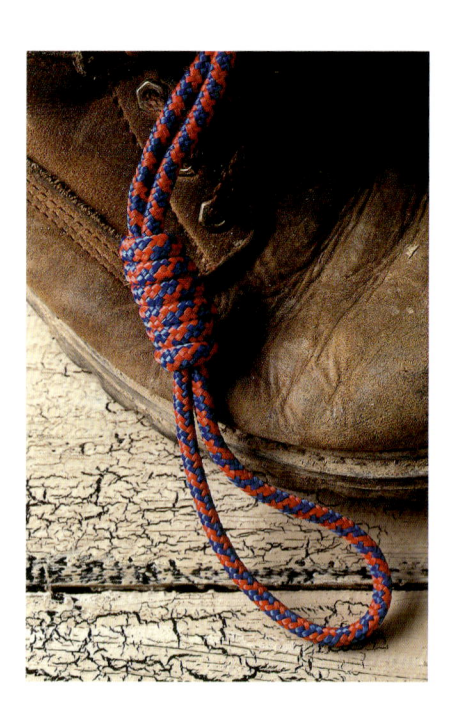

单结套索

这款最基础的活扣索结在开始捆扎包裹或为捆绑物加固时会常常用到。

在距离绳头一段距离处（通常被视为在偏向绳尾端的位置）打一个反手结（带有活结套环），轻拉将绳结收紧。

绞刑结

这是一款结实牢靠的活结,当需要保护扣眼免受金属套管或塑料套管(也称为"套圈")磨损时使用。将线圈收紧后便可牢牢套住需衔接的配件。仅需借助灵巧的双手,我们便可在30秒内完成这款绳结,而更加美妙之处在于,绳结上承载的重量越大,绳结与套环间的衔接越紧密。

1 弯一个线环,利用绳头环绕绳尾打一个双重反手结。

2 将一端与线环上对应的绳索向相反方向拉拽,使绳结收紧。

多重绞刑结

采用三重反手结便可完成看似更加结实的双重绞刑结。虽然通过多重反手结实现了一款全新的多重绳结,但其主要作用不过是增加绳结的体积和美观度而已。

1 利用绳头围绕绳尾打一个三重反手结。

2 将一端与线环上对应的绳索向相反方向拉拽,使绳结收紧。

反手衔接结

这款绳结也称为扁带结，尽管主要是适用于洞穴探险者和攀岩者使用的扁平或管状织带（带条），但无论是最粗大的缆绳，还是最纤细的钓线，任何材质均可适用。

1 在需要衔接的两条绳索中取出一条，利用绳索一端打一个反手结。将第二条绳索的绳头穿入。

2 将第二条绳索的绳头顺着第一条绳索盘绕。

3 同其他双绳结一样，我们需确保两条绳索在绳结处保持平行，绳头端应显露在绳结顶部，这种打法可令结扣更加结实。拉拽绳尾将绳结收紧。

渔夫结

结实牢靠的渔夫结适用于任何场合，无论日常使用还是承担繁重的生产任务均可胜任。在利用较粗的绳索绑系这款绳结时，绳结较易拆解，但如果利用较细的绳线进行绑系，使用后便需直接剪断。

1 两条绳索平行紧贴摆放，将一条绳索的绳头环绕另一条绳索的绳尾打一个反手结。

2 将尚未完成的绳结头尾位置互换，在另一端打一个完全相同的反手结。先拉拽两端绳头，使两个绳结收紧，然后拉拽绳尾，进一步紧固绳结。

基础缠绑结、衔接结和套钩结

双重渔夫结

这款更加结实的双重渔夫结也被垂钓爱好者们称为露齿结（也许是因为绳结在扣紧前会形成张口状）。绳结的紧固度较好。

1 两条绳索平行紧贴摆放，将一条绳索的绳头环绕另一条绳索的绳尾打一个双重反手结。

2 将尚未完成的绳结头尾位置互换，在另一端打一个完全相同的双重反手结。先将两个独立绳结收紧，然后再拉拽绳尾，使绳结完全闭合。

三重渔夫结

三重渔夫结就是垂钓者常用的双重露齿结，适于较纤细、顺滑、弹性大的绳材。

方法与双重渔夫结近似，只是需要以三重反手结替代双重反手结，然后按照类似方法将绳结收紧。

35

强度 & 安全

◎ 下图
利用双重反手结再次强化8字结的安全性。

◎ 下图
通过一对双重反手结，原本强度不高的缩帆结大大提升了安全性能。

◎ 下图
利用双重渔夫结和绳头缠绑的方式，同时强化了攀岩环索的强度和安全性。

打过绳结的绳索或线绳会出现强度减弱的现象。例如：钓鱼线或晾衣绳上出现不必要的反手结时，绳材的抗断强度会减半。粗大的绳结对强度影响会小些，双重渔夫结或露齿结可保留绳索65%—70%的强度，血结可保留绳索85%—90%的强度，而前导线缓冲结则可为绳索保留100%的效力（也就是与未打结的绳索强度完全相同）。可以说，无论是通过绳结将生命悬于一线的登山队员；痴迷于收集昂贵钓具，时时期待打破纪录，钓起超级大鱼的垂钓爱好者；离不开结绳工具的突击队、救援队或勘探队；还是建筑工地上操作起重滑车的技术工人，都需要选用结实牢固的绳结。

安全性是使用者关心的另一个问题。一款高强度的绳结如果在操作过程中易于出现滑动、散落、倾覆或散解的现象，则其安全性还不如一款固定紧实的绳结。有些精心组装固定的绳结在稳定负荷下使用十分牢固，然而在不时受到外力猛拉或反复摇摆的情况下，便会出现松散和位移的现象。

既然强度和安全性是人们关心的两大特性，那么同时具备这两大优点的绳结便是人们心目中的理想之选，为何还要考虑其他款式呢？这是因为绑系和拆解绳结时的难易程度同样十分重要。操作简便同样是使用者渴望的特性。因此，只要能够满足所需，结绳爱好者便可在两种特性间权衡利弊。事实上，有些一向以牢固可靠而闻名的经典绳结款式，在测试中获取的强度和安全数值却低得惊人。常用的称人结强度仅保留45%，如采用僵硬或光滑的绳索绑系，则更易出现绳结散落的情况。

我们可以采用不同方法来提升绳结的安全性。例如：在绑系强度较好的8字结时，如果利用双重反手结将绳索的绳头端与并列的绳尾端进行绑系加固，则安全性会大大提高（左上）。同样的，利用双重（或攀岩）结增加的圈绕（在距离套圈最近的绳索上打反手结，使绳头进一步加固），可同时提升普通称人结的强度和安全性。缩帆结原本强度不高，但通过一对双重反手结（上中）便可加固绳索的两端。在一款超强光纤辅绳制造的环索上衔接拥有专利技术的导缆钳（右上），也被称作"墙果"，主要用于登山等相关活动，两者间绑系了双重渔夫结。通过将绳头两端与相邻的绳尾进行缠绑，安全性足以达到令人满意的程度。

◎ 上图
强化版称人结采用反手结进行加固。

基础缠绑结、衔接结和套钩结

惯用绳端结

惯用绳端结是处理绳头的一种传统方法，绑系快速，拆解方便。

绳端结

用于捆绑的绳材在各类绳索零售店均有销售。天然纤维绳索需采用天然（植物）纤维缠绑，人造绳索则选用人造纤维缠绑。经过缠绑的绳头无须再进行热封处理。为了便于清晰展示，图解示例中选用的绳索大于实际型号。

1 弯一个长长的绳环，将绳环置于绳索一侧。

2 开始利用绳尾端环绕绳索进行缠绕，将形成绳环的两条细绳同时缠裹在内。缠绕方向应与绳索的花纹方向相反，这样绳头散绑的力反而会加强缠绑的紧密度。

3 朝着绳索端部继续紧紧缠绑，注意确保每一圈均与前一圈紧密贴合，整齐排列。缠绑宽度应至少等同于绳索的直径。

4 （左图）将用于缠绕的绳尾端穿过绳环剩余的圈套内。

5 （右图）拉拽绳头（未展示）将绳环收紧，直至绳环套紧用于缠绕的绳尾端；然后再次用力拉拽，将绳尾端拉入一圈圈缠绑环下方，直至交叉的弯绕被拉入缠绑区域一半时停止拉拽。如果交叉弯绕被拉入后造成线绳断裂，可在缠绑时略松一些或改用更加结实的绳材。绑系完成后，缠绕环下方会出现一个凸起。将露在外面的绳头进行修剪。

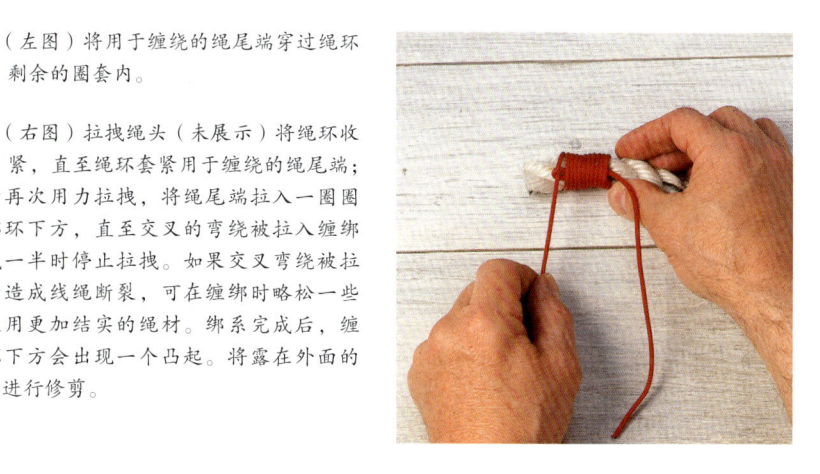

完美绳端结

这款经过改良的绳结消除了惯用绳端结拉拽交叉弯绕后产生的凸起,造型更加精细。

1 将缠绕绳的两端平行摆放,置于绳索一侧,并识别出绳索花纹的相反方向。

2 从距离绳索端头尽可能远的位置开始进行缠绕。

3 尽可能紧实整齐地继续缠绕,确保盖在下面的两条线绳保持平行且紧贴彼此,(每完成一圈后)从绳索端头处理顺绳环。

4 随着用于缠绕的绳环逐渐缩小,需不断梳理缠绑过程中必然产生的扭缠(更好的方法是,根据实际情况,在开始缠绑前预先进行数圈反向扭缠,随着缠绑过程两者会相互抵消)。

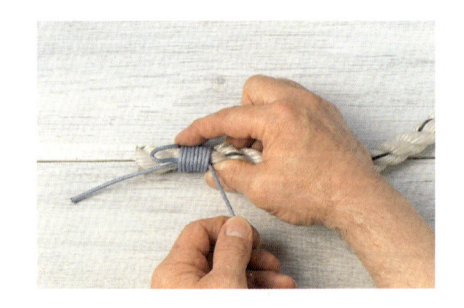

5 拉拽缠绕线绳的绳头,收紧缠绕的最后一圈,然后平缓拉拽两端,收紧并完成绳端结。

西部绳端结

有些人不喜欢这款绳结,认为它外观丑陋且绑系方法不够专业。与其他绳端结相比,这款绳结确实显得不够整齐,但更加务实的结绳爱好者则指出,当惯用绳端结已出现松散时,西部绳端结能够依然保持紧实状态。实际上,反复绑系的左右半结虽然会造成绳结表面凹凸不平,但效果并不难看。

1 在距离绳索端头约2.5厘米(1英寸)的位置打一个反手结。

2 将绳索正面朝下,在反面打一个完全相同的反手结。

3 将绳索再翻回正面,紧挨第一个绳结打第三个反手结。照此方法,正反面重复交替打结。

4 最后打一个缩帆(方头)结,借助尖头工具将绳头塞入反面缠绕环下方。

帆工绳端结

无论经过多么精心的缠绑，在长期磨损后，绳端结仍难免会出现松懈和脱落的情况。对于信号旗绳或帆船吊索等饱受风雨洗礼的绳索而言更是如此，因而这款强韧的帆工绳端结采用在绳索绞股内部进行缠绑的方式，大大提升了绳索的强度和安全性。此外，在绑系辫绳时，可借助大号缝针直接将起到加固作用的缠绕环钉缝在绳索内部。

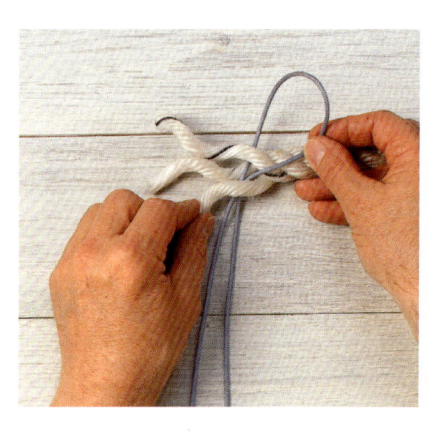

1 将绳索一端拆解约5厘米（2英寸）的距离，利用缠绕绳在一条绞股上弯一个绳环，缠绕绳两端从另外两条绞股间穿出。

2 将绞股重新缠好，选择缠绕绳的任意一端开始进行缠绑。

3 从绳环开始，朝着绳索端头的方向紧密整齐地继续缠绑。

4 缠绑的长度应至少等同于绳索的直径。

5 将绳环沿着绳索放置，绳环将跟随一条缠绕绳，沿着开始固定缠绕绳的绞股凹槽进行旋转。

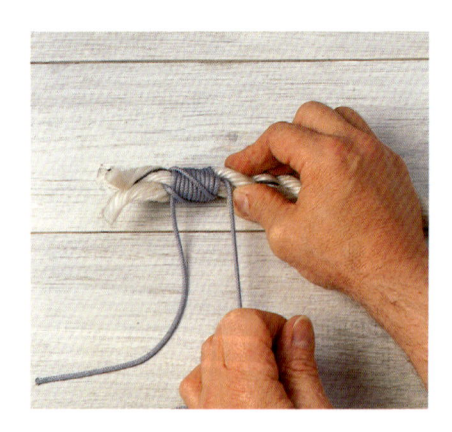

6 将绳环套在绞股上，拉拽缠绕绳的绳尾端将绳环收紧。

7 按照近似方法，将缠绕绳的绳头端沿着剩余的第三条凹槽进行盘绕。

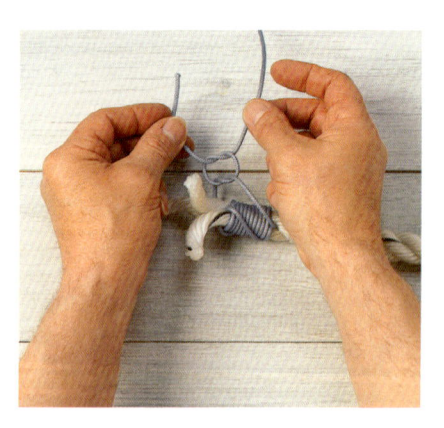

8 在绞股间将缠绕绳两端打结固定，建议选用缩帆（方头）结。（注：这里选用了祖母结，因为在缠绑完成后的图片中，绳索较厚，祖母结更容易进行清晰展示。）

基础缠绑结、衔接结和套钩结

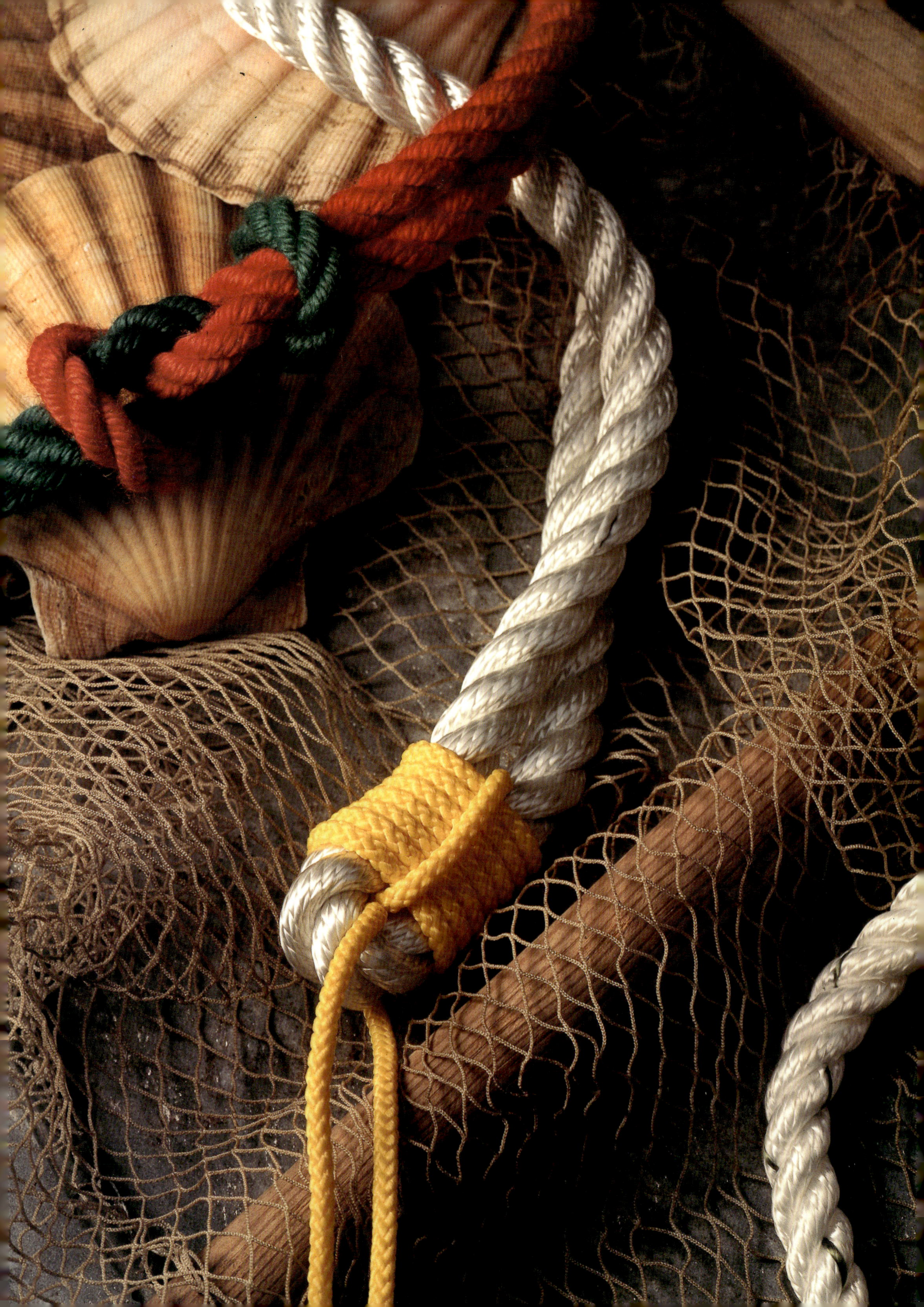

衔接结

"将两条绳索绑系衔接在一起，
且需要时可以再解开。"
（亨利·曼维爵士《海员词典》，1644）

　　用于将两条绳索或其他绳材绑系在一起的绳结称为衔接结。通常，衔接结可以在不需要使用时再解开，以便节约绳材，反复利用。只有极细的线绳、钓线或类似材料绑系的衔接结无法解开，在使用过后只能直接剪断，绳材也随之作废。绝大多数衔接结绑系的两条绳头采用相同材质，但有些衔接结（例如：缭绳结和不同规格引缆绳间的衔接结）则用于绑系粗细或硬度差别显著的不同绳材。在绑系两条长度相同且载重量较轻的绳材时（例如绑系包裹或鞋带），采用普通的缠绑结即可，但货运环索、洞穴探险或登山的环状吊索等重大用途则必须采用衔接结进行绑系。

弗兰德衔接结

从前的海员们并不喜欢这款衔接结,因为采用天然纤维绳索绑系时,这款绳结很容易混乱形成死结,但它却非常适合人造绳索绑系。

登山队员们则非常喜欢这款衔接结,因为它不仅简单易学,而且便于领队查验。

1 两条准备衔接的绳材中取出一条,在绳头处弯一个圈。

2 将绳圈扭半圈,此时大拇指向上向外翻转,即逆时针旋转(反时针方向)。

3 如图,将绳头穿入绳圈,形成8字形。

4 穿入第二条绳索,绳头应与第一条绳索保持平行。

5 第二条绳索顺着第一条盘绕,始终保持在第一条绳索外侧(事实证明,这样绑系的绳结更结实)。

6 顺着第一条绳索的8字结继续盘绕,最后转回并从第二个绳圈中穿出。

7 这样便完成了这款双重结,分别拉拽绳头和绳尾,逐步将绳结收紧即可。

双重 8 字衔接结

这款绳结在功能上与渔夫结近似,但不同之处在于,这款绳结是两面对称的(双面看起来完全相同)。8 字形的绳结也称为弗兰德结,因而这款衔接结也可称为弗兰德衔接结。将绳结间保持两三英寸的距离,这样其中一个绳结在固定前会产生一段距离的滑动,从而吸收掉瞬间拉拽产生的冲力。

1 在其中一条绳索上打一个 8 字结,将第二条绳索穿入第一个绳结。

2 然后开始打第二个 8 字结。

3 完成第二个 8 字结,注意此时需将绳结掉转方向,且第二个 8 字结应同第一个完全相同。

4 首先拉拽绳头将两个绳结分别收紧,然后再拉拽各自的绳尾端,将两个绳结并在一起。

林菲特结

如遇粗大且具有弹性的绳材，请改选双重渔夫结（或露齿结）。这款绳结的设计者为垂钓爱好者欧文·K.纳托尔。

1 将两条待衔接的绳索各自弯一个绳圈，如图交叉摆放。

2 将上方绳索的绳头从下方绳圈的后侧由右向左穿出。

3 将下方绳索的绳头从左向右跨过上方绳索。

4 将左手绳头围绕左手绳尾顺时针方向绕一圈。

5 将左手绳头由后向前，从左手绳圈穿出。

6 将右手绳头围绕右手绳尾逆时针（反时针）方向绕一圈。

7 将绳头从前侧穿入右手绳圈下方。渐渐收紧绳结，直至形成对称，两条绳头与绳尾成直角，并位于绳结的同一侧。分别拉拽绳头和绳尾，将绳结收紧后即完成。

齐柏林衔接结

这是众多由两个互链反手结构成的衔接结之一。齐柏林衔接结既结实耐用，又具有良好的安全性，唯一的小缺陷是伸出的两条绳头分别与绳尾形成直角，似乎不够美观，但却不会在使用过程中带来任何不便。美国海军军官兼航天英雄查尔斯·罗森达尔曾在20世纪30年代采用这款衔接结系泊他的大型飞船洛杉矶号；后来，美国海军一直采用这款绳结系泊充气飞艇，直至1962年。罗森达尔采用的绑系方法比此处演示的方法更加复杂，我们演示的新方法是由埃特里克·W. 汤普森在20世纪80年代发明的。无论是大型绳索和缆绳，还是最小号的细绳均可适用。

1 将两条绳索并列握在手中，绳头朝相同方向。

2 利用距离自己较近的一条绳索弯一个绳圈。

3 将绳头同时围绕两条绳索，从后向前绕一圈并穿回打好的绳圈。

4 将另一条绳索的绳尾举向绳头。

5 将第二条绳索的绳头从下方穿过绳尾，同时穿过已形成的绳圈。拉拽绳头和绳尾，将绳结收紧。

可调节衔接结

在使用这款衔接结时，两个完全相同的绳结通常会相隔一段距离。在正常平稳受力的情况下，两个绳结始终保持分离状态。一旦突然受到外力，两个绳结便会通过滑动来化解部分张力。这款绳结既适用于绳索，也适用于织带（带条）。加拿大登山运动员罗伯特·奇斯诺尔在1982年前后发明了这款衔接结。

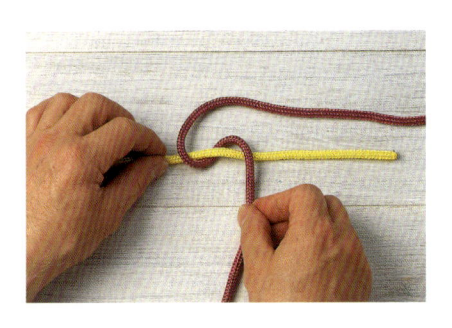

1 将两条绳索平行摆放。然后取红色绳索，围绕黄色绳索，向绳头端缠绕一圈。

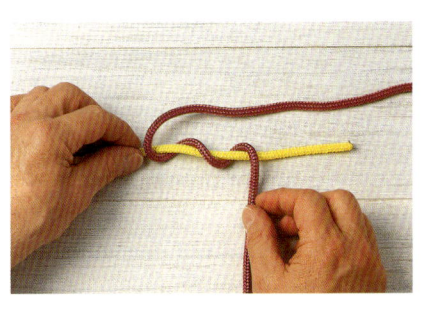

2 利用红色绳索，在黄色绳索上缠绕第二圈。

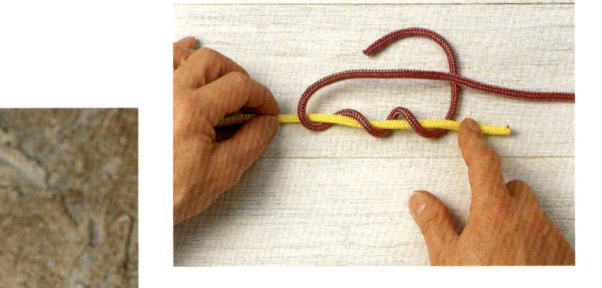

3 将红色绳头同时从黄色绳索和红色绳尾端下方穿过。

4 再将绳头返回，同时从黄色绳索上方和红色绳索缠绕的最后一个绳圈下方穿过。

5 将尚未完成的绳结掉转方向，利用黄色绳索在距离第一个绳结5厘米（2英寸）的位置打一个完全相同的绳结。

亨特衔接结

这是齐柏林衔接结家族的又一位新成员，效力与之不相上下。美国人菲尔·D.史密斯在二战期间发明了这款绳结，当时取名为索架衔接结；后来英国医生爱德华·亨特在1978年重新发掘出这款绳结，并推广至全世界，且在这款绳结的推广过程中促成了国际结绳者协会的创立。本书选用了亨特医生的方法进行演示。

1 将两条待衔接的绳索平行摆放，相互贴紧。

2 弯一个双层绳圈，注意两条绳索应始终保持平行。

3 将位于绳圈前侧的绿色绳头绕至后侧。

4 将绿色绳头从后向前同时穿过两层绳圈。

5 将红色绳头向上弯曲，绕至两层绳圈前侧。

6 将红色绳头从前向后穿过两层绳圈，与绿色绳头的方向正好相反。

7 慢慢将绳结收紧，注意绳头不要退出绳圈。

8 分别收紧各条绳头和绳尾，直至绳结完全扎紧为止。

外科结

这款绳结经常被当作捆缚结来使用（这种方法也许并不恰当，因为这款绳结在收紧后仍会存在一定的松动），实际上它是一款外观整洁、使用安全的衔接结，即使人造绳索也同样适用。从名字来看，这款绳结可能曾用于外科手术缝合。尽管通常选用小号绳索，但使用任何类型的绳索均可达到满意效果。

1 将两条待衔接的绳索交叉摆放，此处我们将左侧绳索置于右侧绳索上方。

2 打一个半结，注意两条绳索的缠绕呈左旋或逆时针（反时针）方向。

3 将绳索再绕一圈，然后两条绳头相并，这一次将右侧绳头置于左侧绳头上方。

4 最后再打一个半结，与前面一对绳索的缠绕方向相反，两条绳索呈右旋（顺时针）方向。在收紧绳结时，先将绳头与相邻的绳尾轻轻收紧，最后仅拉收绳尾端，使位于上部的半结略微扭转，呈对角方向遮盖整个绳结。

马具衔接结

正如名字所示,这是一款在马车时代被车夫们广泛使用的绳结,皮革或生皮同样适用。此外,这款绳结还可广泛用于衔接各种材质,如拉菲草或围栏铁丝等。

1 将两条待衔接的绳索绳头相对平行摆放,相互贴紧。

2 取其中一条绳索先从另一条绳索的绳尾下方穿过,再从上方绕回。

3 将绳头如图绕回后便完成了绳结的一端。

4 取另一条绳索的绳头,从相邻绳尾下方穿过。

5 利用这端绳头打半个套钩结。然后将绳结收紧,此时两条绳头会向绳结完全相反的方向延伸。

并头双重马具衔接结

许多结绳爱好者都喜欢对称的衔接结，因为这种绳结不仅外形美观，而且简单易学，让人记忆深刻。与马具衔接结相比，这款绳结确实要更加结实和安全一些。

1 将两条绳索如图平行并列摆放。

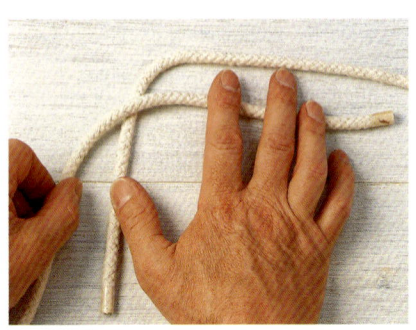

2 将其中一条绳头从另一条绳索的绳尾下方穿过。

3 将绳头如图从另一条绳索上方绕回。

4 将绳头从两条绳索间向下方穿出，这样便完成了绳结的一半。

5 将绳结的半成品对调方向，利用另一绳头打一个完全相同的交叉结。收紧绳结，此时两条绳头会向绳结的同一方向延伸。

环索衔接结

任何双孔、多环及连续环索或吊索均可通过这款绳结进行衔接。一方面,孩子们可以利用这款绳结将五颜六色的橡皮筋连接成长长的链条,这也成为孩子们乐此不疲的游戏;另一方面,环索衔接结还可以在工地和码头上大显身手,参与繁重的工程项目。

1 两个弯好的绳环相对,将其中一个从下向上穿入另一个。

2 将穿入的绳环向后翻折,盖住绳环后端。

3 挑起用于操作的绳环尾端,从翻折后新形成的绳环内向外掏出。

4 轻拉用于操作的绳环尾端,使其完全穿出自身形成的绳环。

5 开始向相反方向同时拉拽两个绳环。

6 继续拉拽,直至两个绳环彼此紧密交叉在一起。

7 同时收紧两个绳环尾端。虽然这款绳结在外观上与缩帆(方头)结十分相似,但从力学角度来看,两者存在巨大差别。除非一条绳索断裂,否则环索衔接结不会出现自行散落现象。

内盘血结

这是经典的垂钓结之一，因绳结中包含多个紧密的盘绕环，人们将此类绳结统称为血结或桶状结。多个盘绕环使这款绳结既紧固又安全。这款绳结在垂钓爱好者中使用得较为普遍，主要采用纤细的钓线进行绑系，但离开河塘，换用粗壮的绳索，这款绳结依然可以展现同样出色的效力。

1 将两条绳索方向相对，相互紧贴平行摆放。

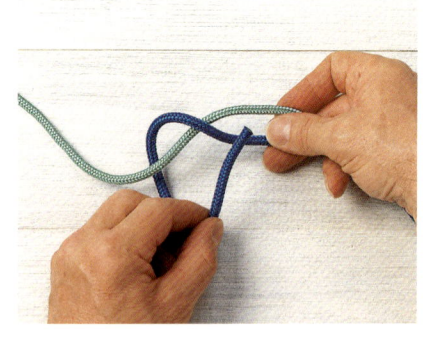

2 利用一条绳头开始盘绕绳环。

3 盘绕第一圈时先从前向后同时绕过两条绳索。

4 确保盘绕的第一圈同时裹住两条绳索，这样才能将用于盘绕的绳索尾端固定住。

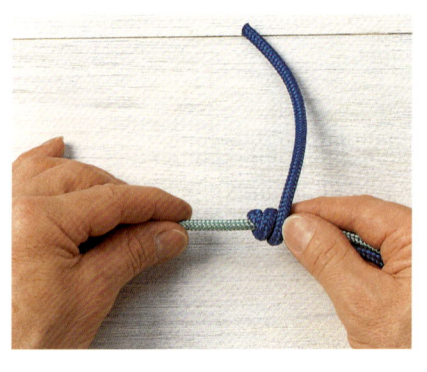

5 紧贴上一圈盘绕，确保将每一圈盘绕紧固。

6 完成5-6圈盘绕后，将绳尾穿入两条绳索之间固定。

7 利用另一条绳索的绳头开始盘绕。

8 重复上述步骤，向内朝着绳结中心方向盘绕。

9 最后将第二条绳索的绳尾向下穿入绳结中心（与另一条绳尾的方向刚好相反）。从外向内将盘绕好的绳圈整理紧固，然后拉拽两条绳头将绳结完全收紧。

衔接结

55

反向单花大绳接结

这款绳结的历史可以追溯至18世纪，但它的真正起源却无从考证。在爱尔兰的舒尔河畔卡里克，奥芒德城堡内装饰的伊丽莎白一世时代的灰泥天花板上点缀着大量造型清晰的单花大绳接结。这款绳结的英文"carrack"是指中世纪用于海上贸易的一种大帆船，这种船只可能来自康沃尔郡法尔茅斯港外的"帆船路"。由于普遍用于衔接大号缆绳和缆索，这种衔接结一直以强劲耐用而著称，而实际上这种绳结会导致绳索的抗断强度减弱至原来的65%。不过，现如今人们开始采用强度大大提升的人造绳索，因而单花大绳接结仍不失为一款承重能力相当强的衔接结。据称，采用绳头反向绑系的方法，这款绳结在使用过程中会更加安全可靠。

1 在两条待衔接的绳索中取出红色绳索，利用红色绳索的绳头弯一个绳圈（如图），使绳头盖在自身绳尾上方。

2 将绿色绳索从弯好的绳圈上方越过，按照如图所示方向，将绳头从红色绳索绳尾下方穿出。

3 将绿色绳头越过红色绳头上方，弯第二个绳圈。

4 利用绿色绳头，按照下-上-下的顺序穿过红色绳圈，形成盘扣。拉拽两条绳尾将绳结收紧，此时呈扁平纹章图案的绳结将会紧固成完全不同的绳结形态。

同向单花大绳接结

将绳头置于同一方向，单花大绳接结便可保持纹章图案，这种绳结一度被称为韦克结，因为公元1071年率众抵抗侵略者威廉的撒克逊人领袖赫利沃德·韦克便佩戴过这种图案的徽章。已故的德斯蒙德·曼德维尔曾对各款绳结间的关系进行了长达25年的研究，他发现有一款绳结与所有绳结均存在渊源，每一款绳结的演变最终均会追溯到同一款绳结，那便是单花大绳接结。在利用这款绳结进行装饰时，需保持绳结扁平舒展的状态。当被用作窗帘绑绳、睡衣腰带或古董躺椅装饰时，这款绳结显得格外精美。

1 在两条待衔接的绳索中取出一条，利用绳头弯一个绳圈，绳头盖在绳尾上方。

2 将第二条绳索的绳头置于已弯好的绳圈下方，方向如图所示。

3 将第二条绳索的绳头置于第一条绳头上方。

4 将第二条绳索的绳头从第一条绳索的绳尾下方穿出，并向回弯折形成第二个绳圈。

5 将绳头按照上—下—上的顺序穿过左半个绳圈，形成盘扣。

6 与反向单花大绳接结不同，这款绳结保持扁平舒展的状态即可。

反向结

潮湿黏滑的皮带或橡筋（橡皮筋）减震索等不够服帖的绳材很难固定位置，容易滑动并与其他绳结断开衔接。想象力丰富的哈利·亚瑟在1989年发布了一款新绳结，可以将此类绳材彻底驯服。这款绳结的特点是通过多次穿插和盘绕，使绳结具有更好的安全性能。

1 将两条待衔接的绳索相对平行摆放。

2 利用右手边的绳头从另一条绳索的绳尾下方穿出。

3 将绳头从另一条绳索与自身绳尾之间穿过。

4 将另一条绳头向左移动，从上方越过第一条绳索。

5 将第二条绳头从另一条绳索下方穿回，并置于绳结上方（无须穿插）。

6 将两条绳头交叉，右手绳头置于左手绳头上方，并穿过自身绳尾旁的左手绳圈。同样方法，握住现在已变为右手绳头的一段。

7 最后，将剩余一端的绳头穿入自身绳尾旁的右手绳圈。同时轻拉四条绳索，小心地将绳结收紧。

衔接结

缭绳结

这款绳结的抗断强度和安全性均不理想。在绑系这款绳结后，绳索的强度将减少55%，遇到猛烈抽动时还会出现绳结散乱的现象。纵然如此，这款绳结依然是每一位结绳爱好者或使用者必会的基础款式。当缭绳结通过绳环与牵索衔接时，人们有时将其称为单编结，当用于绑系帆桁时（采用不同的方法），也称为织布结。

1 在两条待衔接的绳索中取出一条，利用绳索一端弯一个绳环。

2 将第二条绳索由下向上穿入绳环。

3 将绳头从绳环下方穿过。

4 将绳头从自身绳尾端下方穿过，使两条绳索的绳头位于同一侧（对于多数绳材而言，这种方法更为安全）。

双重缭绳结

当待衔接的两条绳索规格或硬度不同时，请利用粗大或较硬的绳索弯折绳环，通过双重缭绳结可防止绳索舒展、绳结散落。我们无须进行第三次穿绕，如这款绳结不适用，可改用8字盘绕衔接结。

1 取两条待衔接绳索中较粗大的一条，利用绳索一端弯一个绳环。

2 将第二条绳索由下向上穿入绳环。

3 将绳头从另一条绳索弯折的绳环下方穿过。

4 将绳头从自身绳尾端下方穿过，使两条绳索的绳头位于同一侧（对于多数绳材而言，这种方法更为安全）。

5 将绳头从绳环下方围绕绳环及自身绳尾端再绕一圈，使绳头置于上一圈的右侧。

6 最后，将绳头紧邻上一圈穿入的位置再次穿入，双重缭绳结完成。

单编缭绳结

当缭绳结在使用过程中可能被拖拽或穿越障碍物时，两条绳索末端可通过如下调整变得更加顺滑。这种简单有效的改造方法适用于任何可能涉水、穿越岩石缝隙或面对七级以上强风的绳索。当然，绳索的三处末端均应指向与绳结拖拽相反的方向，以减小阻力，避免岩石磕碰。

1 在两条待衔接的绳索中取出一条，利用绳索一端弯一个绳环。

2 将第二条绳索由下向上穿入绳环。

3 将绳头从另一条绳索弯折的绳环下方穿过。

4 将绳头从自身绳尾端下方穿过，使两条绳索的绳头位于同一侧。

5 将绳头向后围绕自身绳尾端再绕一圈，打一个8字结。

6 最后，将绳尾从自身绳圈下方穿出（如图所示），与另一条绳索的绳头和绳尾端处于同一侧。轻拉收紧绳结，使各部位绑系紧固。

引缆衔接结

这款绑系快捷简便的绳结主要用于将轻型撇缆绳（引缆）与用于牵引拖拽的缆索环或圈进行衔接。1912年，一本海员手册首次发布了这款绳结。

1 将用于牵引的缆索一端弯一个绳环。

2 将较轻的绳索置于绳环上方。

3 将绳头转向一侧（此处选择左侧），在绳环的绳尾端下方绕一圈，然后从自身绳尾端上方穿出。

4 继续将细绳索的绳头端从绳环的绳头端下方穿出。

5 将绳头再引回绳结左侧，最后如图从自身形成的绳环下方穿出。注意：此处的绳结成品演示图展示的是绳结成品的反面。

8字盘绕衔接结

8字盘绕衔接结是指利用8字交织方法进行衔接的一款绳结，例如本例，将直径较小的引缆绳与粗大的绳索进行衔接。其目的是将粗大的绳索进行固定，确保绳环闭合，不会弹开。与各式缭绳结相比，这款绳结可承担相对较重的负载任务，既适用于远洋船只上的大号多股绳索，也适用于绑系火柴帆船模型的细丝。

1 在两条准备临时衔接的绳索中取出较粗的一条，利用一端弯一个绳环，将较细的绳索置于绳环上方。

2 将较细的绳索绳头端偏向一侧，如图从绳环一侧下方穿出。

3 将绳头向后越过绳环一侧，再从另一侧下方穿出。

4 同样方法，将绳头越过本侧，再从另一侧下方穿出。

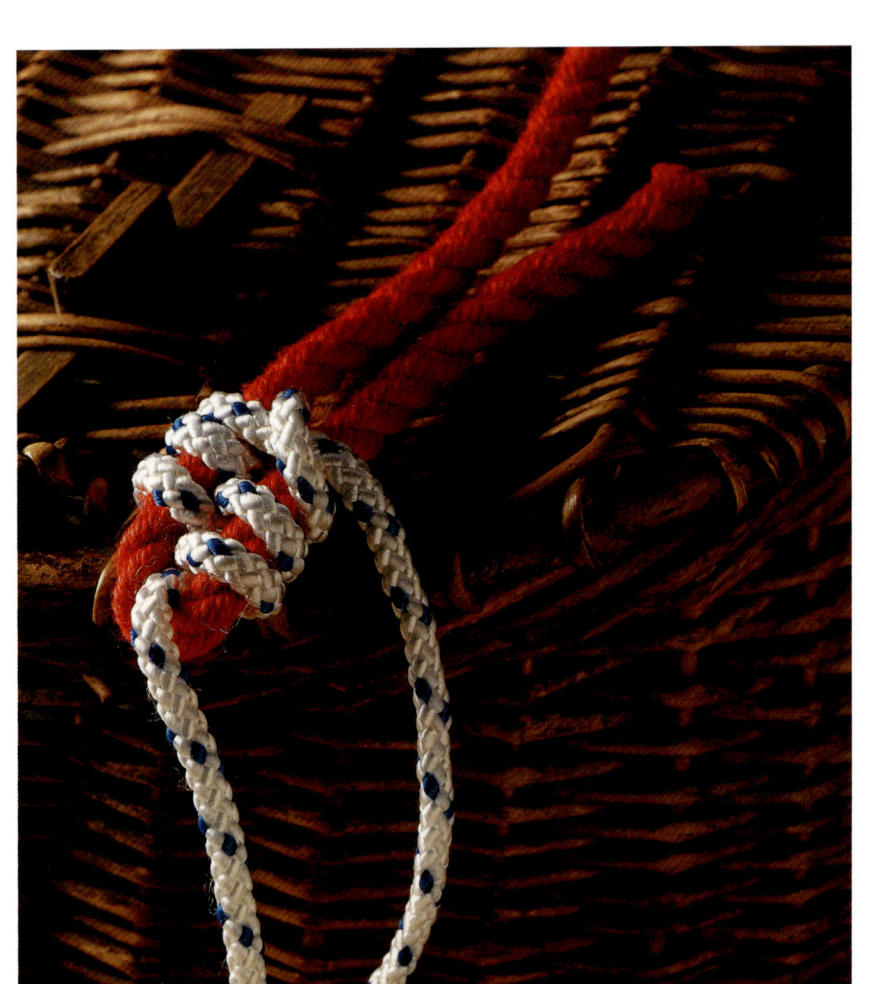

5 继续利用这种8字盘绕的方法围绕绳环颈部进行缠绕，直至将绳环绑紧为止。

6 最后，将绳头端如图穿入8字盘绕环下方。收紧绳结时需朝着绳环末端的方向，逐圈依次收紧，绳结完成。

捆扎衔接结

这款绳结具备引缆衔接结所需的全部特质，包括强度、安全性及方便拆解等性能。捆扎衔接结是结绳界的新款式，由哈利·亚瑟于1986年设计并发布。

1 在两条准备临时衔接的绳索中取出较粗的一条，利用一端弯一个绳环，将较细的绳索穿入绳环。

2 利用细绳索的绳头围绕绳环顶点缠绕一圈。

3 将绳头扭至绳环一侧，开始缠绕绳环。

4 注意确保缠绕第一圈时将绳环与细绳索的绳尾一同紧紧裹住。

5 朝着绳环末端整齐紧实地进行缠裹。

6 松弛开始预缠的一圈，使之形成一个绳圈。

7 将绳圈套在已被缠裹住的粗绳索绳头上，利用绳圈包裹住绳结缠绕的一圈圈绳环。为了确保安全，建议细绳索绳头端的预留长度大于图例所示，并将绳头和绳尾打一个单套结固定。

阿尔布赖特经典结

这款久经垂钓爱好者考验的绳结适于衔接单丝线与辫绳，或辫绳与金属丝。此处我们选用了比实际使用过程中粗大许多的绳索，以便于演示。阿尔布赖特经典结（Albright Special）于1975年首度书面发布，但在随后的出版物中，该绳结有时被称作奥尔布赖特经典结（Allbright Special），因而发明人姓名的正确拼写方式尚待核实。

1 在待衔接的两条绳索中取出较粗的绳索，利用一端弯一个绳环。

2 将细绳索置于绳环上方并与绳环保持平行。

3 将绳头扭向一侧（此处扭向右侧），准备开始缠绕绳环。缠绕绳环时，将绳头从上向下同时包裹住构成绳环的两条粗绳索。

4 绳头返回绳环上方，此时需将细绳索的绳尾端同时缠裹在内。

5 继续由上向下进行缠裹。

6 紧接第一圈缠裹第二圈，注意每圈之间需缠裹整齐紧实。

7 根据需要反复缠裹，直至确保绳结紧实牢固为止。

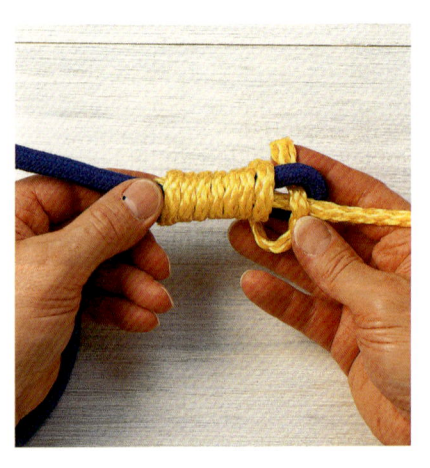

8 最后，将绳头如图穿入绳环末端。

衔接结

上盘西蒙结

　　这款绳结（包括两种变化款式）是由哈利·亚瑟于1989年设计并发布的，尤其适合表面光滑的人造绳索。一旦掌握方法，绑系过程十分简单便捷。尽管在出版物中很少见到这款绳结，但它的优点却广为人知，只需徒手便可轻松衔接各种圆滑的人造绳材。

1 在两条待衔接的绳索中取出红色绳索，利用一端弯一个绳环，将黄色绳索的绳头置于绳环上方。

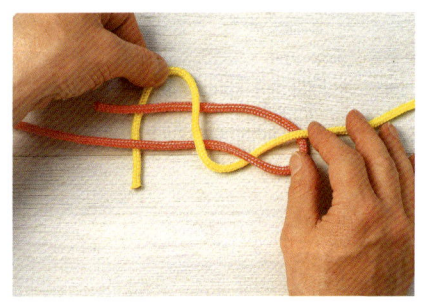

2 将黄色绳索的绳头从上向下穿入绳环并将绳头偏向左侧（本例选择左侧），穿出后同时越过构成绳环的两条红色绳索上方，形成蜿蜒的"Z"字形，之后再从两条红色绳索下方穿出。

3 黄色绳头盘回黄色绳索上方（因而这款绳结称为"上盘"）。

4 将绳头由外向内穿入绳环，使黄色绳头与黄色绳尾置于同一侧。逐渐收紧绳结，所有松弛的绳环均收紧后，打结完成。

衔接结

下盘西蒙结

这款绳结是上盘西蒙结的变化款式，发明人同样为哈利·亚瑟。尽管初看时两款绳结区别不大，但下盘西蒙结更加安全，且适于衔接不同规格和材质的绳材。这款绳结的用途极其广泛，处理光滑的人造绳索时效果更为显著，值得大力推广普及，相信其使用范围仍有巨大提升空间。

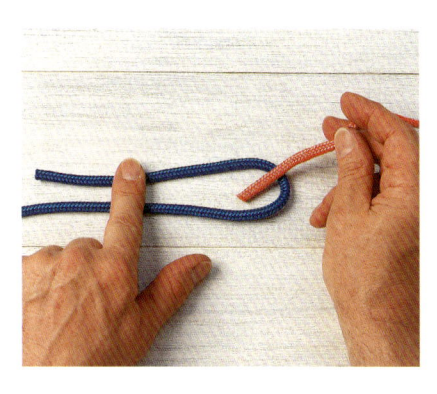

1 在两条待衔接的绳索中取出蓝色绳索，利用一端弯一个绳环，将红色绳索的绳头置于蓝色绳环上方。

2 将红色绳索的绳头从上向下穿入绳环并将绳头偏向左侧（本例选择左侧），穿出后同时越过构成绳环的两条蓝色绳索上方。

3 将红色绳头从蓝色绳索下方盘回，并由下向上穿入红色绳索（因而这款绳结称为"下盘"）。

4 将绳头由外向内穿入绳环，使红色绳头与红色绳尾置于同一侧。逐渐收紧绳结，所有松弛的绳环收紧后，打结完成。

69

双盘西蒙结

这款绳结同样是上盘西蒙结的变化款式,发明人同为哈利·亚瑟。双盘西蒙结的优点是安全性更高,可处理更多不同规格和材质的绳材。

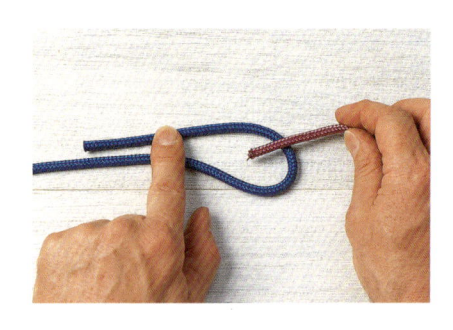

1 在两条待衔接的绳索中取出蓝色绳索,利用一端弯一个绳环,将紫色绳索的绳头置于蓝色绳环上方。

2 将紫色绳索的绳头由上向下穿入绳环,从下方引出后将绳头偏向左侧(本例选择左侧)。

3 将紫色绳头围绕绳环缠一圈,然后同时从构成绳环的两条蓝色绳索下方穿出。

4 将紫色绳头向回翻折,使其置于两条蓝色绳索上方。

5 将紫色绳头向下从两条蓝色绳索与紫色绳索之间穿出。

6 将紫色绳头越过紫色绳索的绳尾,置于蓝色绳环前端。

7 将紫色绳头由外向内穿入蓝色绳环,使紫色绳头与紫色绳尾置于同一侧。逐渐收紧绳结,注意收紧过程中避免绳结发生扭曲。

握手结

这是一款超赞的绳结,却知之者甚少。握手结堪称最出色的衔接结之一,不仅安全性高,而且易于松绑和拆解,绳头与绳尾紧密排列,外观显得格外规整。握手结的发明人是哈利·亚瑟,但1944年克利福德·阿什利曾介绍过一款外观近似的环状结,这显然对握手结的发明起到了重要的参照作用。

1 利用紫色绳索的绳头向绳尾弯折出一个绳圈,绳头盖在绳尾上方。

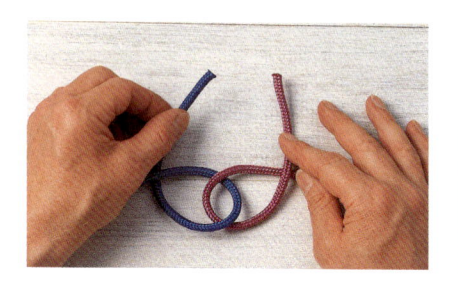

2 将蓝色绳索的绳头穿入紫色绳圈,弯折第二个绳圈(绳头从绳尾下方穿出)。

3 将紫色绳头向下穿至两个绳圈后侧。

4 将紫色绳头穿入紫色绳圈和蓝色绳圈交叉后形成的公共环内。

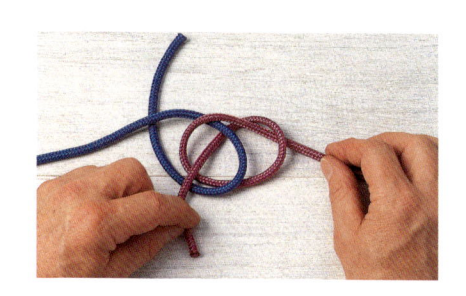

5 将紫色绳头从中心环内引至两个绳圈前侧。

6 然后将蓝色绳头向下穿入蓝色和紫色两个线圈交叉形成的公共环内。

7 依次拉拽绳头和绳尾,将绳结收紧。

中心盘拧平结

这款粗大的绳结在中心处将绳头紧紧固定住。通过下面的图解，我们还可以同时学习到基础平结的绑系方法，只是基础平结的紧固度不够理想。

1 在两条待衔接的绳索中取出红色绳索，弯一个绳环。将绿色绳索的绳头由下向上穿入绳环并偏向构成绳环较短的一侧绳索。

2 将绿色绳头从下方同时穿过构成绳环的两条红色绳索，再穿回红色绳环，与绿色绳索的绳尾处于并行位置。这便是基础的平结打法。

3 现在开始将红色和绿色两条绳头分别拧向相反方向。

4 解开绳索间的交叉，使两条绳索暂时形成如图所示松松钩锁的状态。

5 将两条绳头交叉调整至如图所示位置。这便是拧转平结，收紧后形成的平结相对牢靠。

6 将位于上方的绿色绳头直接向下穿入中心位置的公共交叉环。

7 将位于下方的红色绳头向上穿入中心位置的公共交叉环。依次拉拽绳头和绳尾，将绳结收紧。

绳结应用分类表

分类	绳结名称	应用	分类	绳结名称	应用
基础缠绑结、衔接结和套钩结	基础结、反手结或拇指结		套钩结	8字套钩结	
	反手活结			拢帆索套钩结	
	双股反手结			绳环双套结	
	双重反手结			绳头双套结	
	三重（多重）反手结			基线套钩结	
	压绑结			响马套钩结	
	单扣套钩结			轮结	
	双重半套钩结			刺网套钩结	
	环编双重半套钩结			刺网结	
	反手半套钩结			斜桁帆索衔接结	
	反手环结			防振套钩结	
	双重反手环结			相依套钩结	
	外科手术环结			扬帆结	
	单结套索			圆材结/石锚结	
	绞刑结			克拉拉盘绕结	
	多重绞刑结			驳船工套钩结	
	反手衔接结			克努特套钩结	
	渔夫结			桩柱套钩结	
	双重渔夫结			双重桩柱套钩结	
	三重渔夫结			冰柱套钩结	
衔接结	弗兰德衔接结			捆吊套钩结	
	双重8字衔接结			环状套钩结	
	林菲特结			套钩结	
	齐柏林衔接结			船锚衔接结	
	可调节衔接结			升级版船锚衔接结	
	亨特衔接结			缆绳套钩结	
	外科结			混血结	
	马具衔接结			系泊套钩结	
	并头双重马具衔接结			帕洛马结	
	环索衔接结			詹思科专用结	
	内盘血结			钓鱼结	
	反向单花大绳接结			同心结	
	同向单花大绳接结		缠绑结	阿什利止索结	
	反向结			8字结	
	缭绳结			双8字结	
	双重缭绳结			交叉结	
	单编缭绳结			普鲁士结	
	引缆衔接结			双重普鲁士结	
	8字盘绕衔接结			巴克曼结	
	捆扎衔接结			克氏结	
	阿尔布赖特经典结			水手结	
	上盘西蒙结			彭伯西结	
	下盘西蒙结			蒙特防滑结	
	双盘西蒙结			双重蒙特防滑结	
	握手结			蒙特牵引结	
	中心盘拧平结			缩绳结	
	阿尔卑斯中间衔接结			哈登结	
	单套衔接结			双重哈登结	
	并蒂单套衔接结			提吊式松脱结	
套钩结	纯牛眼套钩结			垂挂式松脱结	
	升级版牛眼套钩结			延伸法式普鲁士结	

分类	绳结名称	应用	分类	绳结名称	应用
缠绑结	奇菲结	划船航海 攀爬探险 通用 户外	环状结	三重称人结	攀爬探险 通用 户外
	方头结	通用		弓弦结	通用
	刀带结	划船航海 通用 户外		准尉套钩结	划船航海 通用 户外
	中式刀带结	通用		塔贝克结	通用
	吉祥结	通用		活环结	攀爬探险 通用 户外
	中式纽扣结	通用		绞索结	通用
	中式纽扣结（双扣）	通用		卷轴结	垂钓 通用
	裹绕宿帆盘绳结	垂钓 划船航海 攀爬探险 通用 户外		比米尼捻拧结	垂钓 通用
	阿尔卑斯盘绳结	垂钓 划船航海 攀爬探险 通用 户外		葡萄牙称人结	划船航海 通用 户外
	8字盘绳结	垂钓 划船航海 攀爬探险 通用 户外		8字环葡萄牙称人结	划船航海 通用 户外
	消防员盘绳结	垂钓 划船航海 攀爬探险 通用 户外		蝴蝶结	通用
捆缚结	祖母结	通用		手铐结	通用
	宿帆（方头）结	划船航海 通用		消防员椅结	通用 户外
	平结	通用		吊桶结	通用
	宿帆平结	通用		吊板结	通用
	绑柱结	通用 户外		应急桅杆结	划船航海 通用 户外
	布袋结	通用		三向缭绳结	划船航海 通用
	袋口/米勒结	通用		猴拳结	通用
	绳头收缩结	划船航海 通用 户外		半打系结	通用
	绳环收缩结	划船航海 通用 户外		缠索打系结	通用
	梁木结	划船航海 通用		波尔多索结	划船航海 通用 户外
	双重收缩结	划船航海 通用 户外		链式绑索	通用
	蟒蛇结	通用		菱形套钩结	通用 户外
	瓶口结	划船航海 通用 户外		卡车司机套钩结	划船航海 通用 户外
	阿什利平衡结	通用		圆形垫片结	通用
	双重8字结	通用	垫片结、辫状结、环编结、吊索结与其他绳结	卡里克垫片结	通用
	方头花箍结（4股×5环）	通用		浪花辫状结	通用
	方头花箍结（5股×4环）	通用		长垫片结	通用
	双花箍结（2股×3环）	通用		交替环形打系结	通用
	平尾结	垂钓 通用		连续环形打系结	通用
环状结	渔夫环状结	垂钓 划船航海 通用 户外		双环打系结	通用
	8字环状结	划船航海 攀爬探险 通用 户外		下搭环打系结	通用
	称人结	划船航海 攀爬探险 通用 户外		螺钉打系结	通用
	爱斯基摩称人结	划船航海 通用 户外		多功能滑索结	划船航海 通用 户外
	双重称人结	划船航海 通用 户外		基础锁链结	通用
	水上称人结	划船航海 通用 户外		循环基础锁链结	通用
	血环假蝇结	垂钓 通用		双股锁链结	通用
	农夫环状结	通用 户外		循环双股锁链结	通用
	挽具结	通用		辫状结	划船航海 通用 户外
	阿尔卑斯蝴蝶结	攀爬探险 通用 户外		锯齿辫状结	通用
	中长款8字环状结	攀爬探险 通用 户外		双股辫状结	通用
	弗罗斯特结	攀爬探险		三股辫状结	通用
	双重弗罗斯特结	攀爬探险		四股辫状结	通用
	双重8字环状结	攀爬探险 通用 户外		四股辫	通用
	西班牙称人结	划船航海 通用 户外		八股方辫	垂钓 通用
	伯明翰称人结	划船航海 通用 户外		六股圆辫	通用
	三重8字结	攀爬探险 户外			

绳结应用分类标识

垂钓　划船航海　攀爬探险　通用　户外

阿尔卑斯中间衔接结

将中间结的绳环剪断便可形成这款衔接结。事实上，许多环状结均可通过这种方式转化为实用的衔接结，布里翁·托斯、德斯蒙德·曼德维尔和哈利·阿什利等结绳高手均宣讲过这种方法。只需通过简单绑系便可将两条绳索衔接起来。

1 在两条待衔接的绳索中取出绿色绳索，在一端弯一个下搭环。

2 如图所示，将红色绳索穿入绿色绳环并打一个相同的下搭环。

3 在两条绳头中任取一条，向下穿入两个绳圈的交叉公共环。

4 然后将第二条绳头紧贴先穿入的绳头，穿入同一公共环。

5 同时轻轻拉拽两条绳头，然后拉拽绳尾，将绳结收紧。

单套衔接结

对于潮湿环境下，应用于海上作业的天然纤维绳索而言，最简单的绳结也可以起到良好的固定作用，建议采用一对互链的单套结（称人结）来衔接缆索。事实上，将这种绳结应用于部分人造绳索同样可起到良好的衔接效果。单套结的优点在于，即使在拉力作用下，依然不会出现滑动或缠结现象。这款衔接结适用于直径、结构和材质不同的绳材，但由于衔接位置的相互摩擦，两个绳环的抗断强度可能被削弱。

1 先利用红色绳索打一个下搭环，这个绳圈最后将捆绑住整个绳结，然后将绳头穿入下搭环。

2 将绳头向下，从绳尾后方穿出。

3 再将绳头穿回下搭环，轻拉绳头将绳结收紧。

4 利用第二条绿色绳索弯一个下搭环，将绿色绳头穿入第一个红色单套结。

5 将绿色绳头穿入绿色下搭环，之后再从绿色绳尾下方穿出。

6 将绿色绳头穿回绿色下搭环，拉拽绳头将绳结收紧。

并蒂单套衔接结

这是单套衔接结的一个变化款式，可避免单套衔接结出现尖锐的折痕，降低磨损的风险，因而抗断强度更高。

1 将两条绳索平行摆放，绳头相对。

2 如图所示，在白色绳索的绳尾端打一个典型的单套结下搭环。

3 将蓝色绳索穿入下搭环并从白色绳尾下方穿回。

4 将蓝色绳头穿入白色下搭环，完成第一个单套结。

5 将完成一半的绳结方向对调，按照相同方法在蓝色绳索上打一个下搭环。

6 将白色绳头按照上述方法穿入蓝色下搭环，并从蓝色绳尾下方穿回。

7 将白色绳头穿回蓝色下搭环，第二个单套结完成。注意绳头应至少预留出与图例相同的长度（长度略长更佳）。绳结负重后，两条绳尾将平分绳结受到的张力。

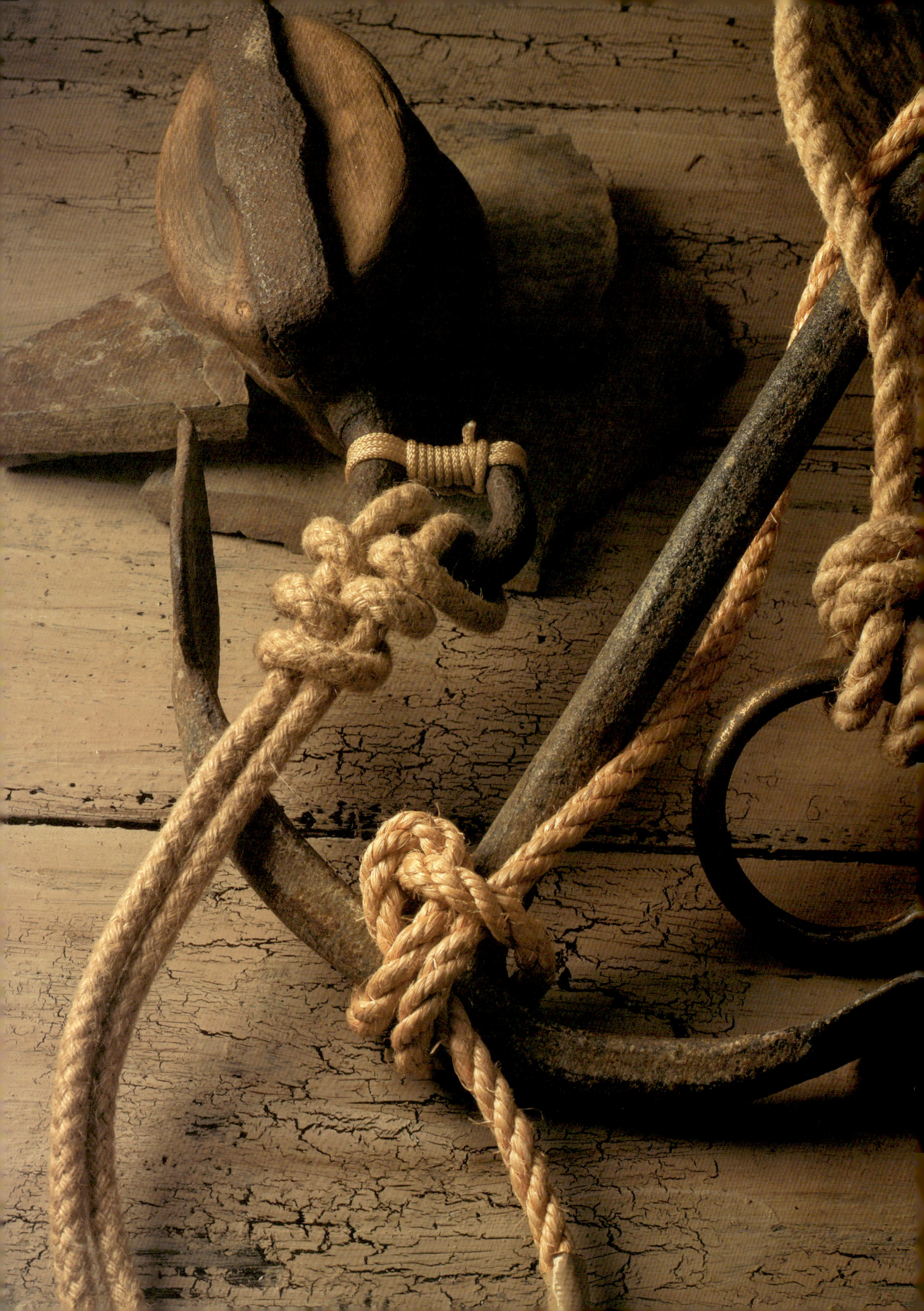

套钩结

"套钩结主要用于拴系木桩、缆柱、帆桅、横杆、套环或吊钩……然而没有任何一款套钩结是万能的。"
（赫维·加勒特·史密斯，《海员职业技能》，1953）

  我们将绳索与各种物体（甚至包括与其他绳索）之间的固定称为"拴系"（而非"套钩"），而只将绳结本身称为套钩结。一些套钩结仅适于与衔接点之间成直角垂直拉拽；还有一些款式允许侧拉或多方向拉抻；可适用于拴系锥状物的套钩结极为罕见，我们将在本章为大家推介这样一款非同寻常的套钩结。渔人结、锚结或斜桁帆吊索结实际上均属套钩结，因此我们将其纳入本章。这些绳结的命名之所以不够规范，主要是源于过去的老水手们一直习惯于口口相传的叫法，总喜欢说将绳索"接"到套环或帆桅上。刺网结同样属于套钩结，但人们普遍将其视为缠绑结，因为还有一款绳结称为刺网套钩结。

纯牛眼套钩结

这款实用的绳结需与衔接点成近乎直角的方向受力，可用于捆绑各种设备，或悬吊花棚，从屋顶吊挂车库里的各种物品。

1 在固定点由前向后弯折绳头。

2 将绳头围绕绳尾端从前侧绕向后侧。

3 将绳头从绑系物后侧，由下向上再向下绕回绑系物前侧。

4 将绳头穿入绳环，形成一款基本不具备实用价值的普通牛眼结。

5 现在将绳头向后穿入绳结，完成对牛眼结的加固和改造。

升级版牛眼套钩结

与纯牛眼套钩结相比，这款绳结更加强韧，更加安全。纯牛眼套钩结是哈利·阿什利的创新之作，他总是充满灵感和创意。而升级版牛眼套钩结则是由法国人罗伯特·庞德于1995年发布的。罗伯特在魁北克首次见到此款绳结，并根据绑系这款绳结的小男孩的名字将其命名为皮维奇结（波依斯·布鲁尔部落的皮维奇·卡斯特）。这款绳结可用作袋口结，或吊挂项链坠、护身符等与项链衔接的珠宝饰品。

1 将绳头围绕固定点从前向后绕一周。

2 将绳头围绕绳尾端打一个半套钩结。

3 将绳头越过绳尾前侧，从固定物后侧向上（范例选择从左侧盘绕）穿出。

4 将绳头向下绕至固定物前侧，紧贴绳尾端穿入已卷好的绳结孔眼内。

//

8 字套钩结

这款小巧的绳结相对简单易学，但仅适于临时承担较轻的负载任务。与半套钩结相比，多出的交叉点为绳结增加了摩擦力和紧固度。因而这款绳结的安全性大于半套钩结，尤其在缠绕直径较小的圆形物体时更是如此。此外，这款套钩结还可与圆结配合使用。但我们需始终多加小心，因为在众多套钩结中，这款绳结仍属于强度偏弱的款式。

1 将绳头围绕固定点从前向后绕一周。

2 将绳头绕至绳尾前侧并与绳尾形成交叉（范例选择从右向左交叉）。

3 将绳头向后环绕绳尾一周（范例选择从左向右环绕）。

4 绳头向上穿入绳环，形成典型的8字结款式。

拢帆索套钩结

事实上，这款绳结是由两个半套钩结构成的，只是第二个半套钩结被包裹在第一个半套钩结内部，绳头被固定在缠绕物中心。当绳缆在使用过程中经常出现大幅摆动，安全性较低的绳结易于松懈时（例如动索或信号旗绳），拢帆索套钩结便成为理想选择。例如在卷套横帆时便会选用拢帆索套钩结，因为横帆时常遭遇猛烈抖动，需要安全性极高的绳结。在更换为扁平状的绳材后，这款绳结便可转化为男士们常用的活扣领带结，这种领带打法在1860年前后取代了蝴蝶结。

1 将绳头从前向后穿过或绕过固定点。

2 按照8字结的打法，将绳头越过绳尾前侧，向后绕一圈。

3 将绳头越过已形成的绳环。

4 继续将绳头引至绳结后侧。

5 如图所示，将绳头从后向前穿出，形成两个半套钩结。

绳环双套结

极其简便的绑系方法令这款绳结备受欢迎，然而一旦受到猛烈的外力拉拽，这款绳结很容易滑动脱落。此外，建议为这款绳结添加一个拉环，以防出现纠结现象。利用这款绳结，我们可以在系索上悬挂物品，也可以在系缆桩上泊靠小船。在非航海领域，人们也将双套结称为建筑工人结。

1 在绳索任一点打一个下搭环。

2 沿绳索反向再打一个下搭环，形成一对方向相反的绳环。

3 调整两个绳环，使之大小一致，彼此相邻。

4 反向略微旋转两个绳环，使两者彼此交叠。

5 将横杆、帆桅、绳索或其他捆绑物同时穿过两个绳环，然后拉拽一端或两端绳尾，将双套结收紧。

套钩结

绳头双套结

　　这款绳结不适于直接套挂在系缆桩或支柱上，也不适于穿套在横杆末端，建议将这款双套结牢系到套环上，并严格按照如下方法绑系。

1 将绳头在固定点上由前向后绕一圈。

2 将绳头引至绳尾端前侧后，向斜上方45度角越过绳尾端（范例选择从右向左盘绕）。

3 将绳头向下绕至固定点后侧，同时将绳尾端包裹固定住。

4 然后将绳头如图弯折后穿入绳索在前侧形成的45度斜线（形成字母N的形状，或形成镜像）。

5 如果需要绳结便于拆解，可在此处保留拉环。拉拽绳尾端将绳结收紧。

基线套钩结

这款简单便捷的绳结主要用于将细绳索套钩至粗绳索上。基线套钩结久经考验，安全可靠，捕捞鳕鱼的渔夫们常在拖网上使用这款绳结，骑兵和大批的拓荒者则将这款绳结用作套马索。基线套钩结适于用在整盘线圈的尾端，可将线圈整体固定住，任何材质的绳索或其他柔韧易弯的材料均可绑系。只要固定的物体静止不动，承受的拉力稳定，便可保留拉环，以方便日后拆解绳结。

1 将绳头围绕固定物体从前向后绕一圈。

2 绳头再次绕至前侧（范例选择从绳尾左侧绕出）。

3 将绳头引至绳结前侧后，向斜上方45度角越过绳尾端。

4 绳头从固定物后侧向下绕出，由绳尾端右侧绕至固定物前方。

5 如图拉抽绳尾端，在上方形成一个绳环。

6 然后将绳头穿入新形成的绳环，拉收绳尾端将绳头盖住收紧。

响马套钩结

孩子们都喜欢学习和展示这款套钩结,因为它表面看起来十分复杂,而实际上不过是在绳头端引拔一个绳环而已。制作手工艺品时可利用这款绳结作为辅助固定点,也可用于泊靠船只或拴系马匹。至于拦路抢劫的响马们是否使用过这款绳结则无从考证了。

1 利用绳索或其他绳材的一端打一个绳环,将绳环置于待套钩的横杆后侧。

2 挑起绳索尾端,在横杆前侧打一个相似的绳环。

3 将第二个绳环从前向后穿入第一个绳环,然后拉拽绳头将第二个绳环固定住。

4 利用绳头端再打一个绳环(总计第三个绳环)。

5 将第三个绳环从前向后穿入第二个绳环,拉拽绳尾将绳环固定住。最后一个绳环可用于负载重物;拆解绳结时直接拉拽拖在下方的绳头即可。

轮结

这款绳结是双套结的进化版，主要用于应对纵向拉力。两个斜向的缠扎圈须位于绑系物的受力侧。

1 将绳头围绕固定点从前向后绕一圈。

2 将绳头斜向上45度角越过绳尾端。

3 绳头再次向下从绑系物后侧绕出，引至斜向缠绕环与绳尾之间。

4 紧贴第一个缠绕圈，再次斜向缠绕一圈（尽量贴近绳尾），然后再将绳尾向下从绑系物后侧绕出。

5 将绳头仅穿入最后一个斜向缠绕圈并收紧。

刺网套钩结

苏格兰海上渔民将刺网称为"奥弗里"（在康沃尔人讲的凯尔特语中称"Orsel"）。此类绳结用于固定浸在水中的刺网绳下端，当渔船迎着波涛起伏的海浪在水中拖行时，刺网绳支撑着整个渔网，这种渔船也称为漂网渔船。刺网套钩结看似简单，却足以应对持续水下作业所面临的一切挑战，堪称一款超级小型套钩结。

1 将绳头从待固定绳索后侧向下绕至前侧。

2 之后向上环绕至绳尾端后侧（范例中选择从左向后环绕）。

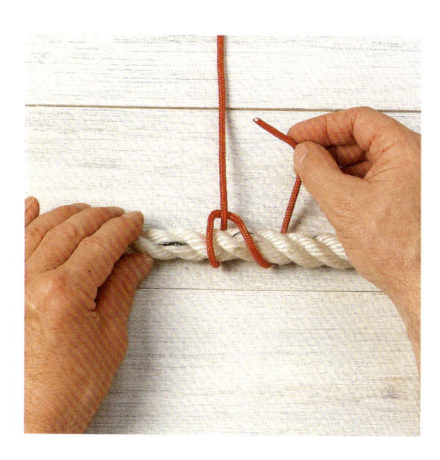

3 将绳头向下，由待固定绳索前侧向后绕至绳索后侧。

4 最后，将绳头越过构成绳结的第一道绑绳，从第二道绑绳下方穿过（如图所示）。

刺网结

这款更加安全牢固的绳结用在刺网绳上端，与浸在水下的刺网套钩结不同，刺网结面临的最大挑战是海面上狂风巨浪的无情打击。

1 将绳头从待固定绳索前侧向后缠绕，从下方再次绕回前侧。

2 绳头斜向上45度角越过绳尾端，再从待固定绳索后侧向下环绕。

3 紧贴斜向缠绕的第一圈，再次斜向缠绕第二圈。

4 从绳尾端一侧开始，完成第二圈斜向缠绕，使之紧贴第一圈。

5 再次将绳头从待固定绳索前侧斜向上缠绕第三圈，注意这一次与绳尾端紧邻的两个斜向缠绕圈隔开一段距离。

6 在绳尾端跨越待固定绳索的位置抽拉出一个绳环。

7 将绳头从前向后穿入绳环。拉拽绳尾将绳头固定住。

斜桁帆索衔接结

这款绳结是以油麻绳和大号帆布船帆为象征的木船时代留传至今的遗产,就连绳结的名字也书写着海上风雨咆哮、浪花四溅的场景感。然而,这款绳结的名字存在着严重的误导性,因为实际上这是一款套钩结,而非衔接结,问题出在水手们遵循的一种不成文的规定,业内总是将绳索套钩在套环或帆桄上称作"接"在套环或帆桄上。与衔接点保持垂直受力时,这款绳结拥有令人满意的安全性能。

1 将绳索或其他绳材的绳头从套环或帆桄后侧由上至下绕至前侧。

2 将绳头再次绕过固定点,缠绕一圈。

3 将绳头再次引至前侧,形成一圈完整的缠绕,绳头引至绳尾后侧。

4 最后将绳头向上,同时穿过两道缠绕环(范例选择从左向右缠绕)。

防振套钩结

美国物理学家艾默利·布洛赫·文斯在20年前发明了这款绳结，主要用于套钩直径粗大的固定物。由于绳结构造近似于棘轮运行状，因而绳尾端的振动只会令绳结更加紧固。

1 将绳索的绳头由前向后，环绕固定物缠绕一圈，然后从绳尾端下方引向右上方（范例选择向右盘绕）。

2 在固定物后侧向下盘绕，再次将绳头引至前侧并向上盘绕。

3 绳头从绳尾端前侧越过，从斜向绳索下方穿出（从左向后）。

4 绳头如图越过交叠的绳索，最后再次穿入斜向缠绕的绳环。逐步拉拽绳尾将绳结收紧。

相依套钩结

这款较新颖的绳结在1987年受到关注,发明人是来自英国西约克郡的欧文·K.纳托尔。反复的穿插缠绕大大提升了这款绳结的安全性,即使采用人造绳索也可承受多方向的拉力。

1 将绳头围绕固定物盘绕一圈,越过绳尾引向斜上方。

2 将绳头从固定点后侧向下盘绕,重新绕回固定物前侧。

3 绳头从绳尾前侧越过,并穿入上一圈盘绕形成的绳圈。

4 再将绳头向下,围绕固定点由后向前盘绕。

5 将绳头越过绳结上的第一道绳索,从下一道绳索下方穿入。

6 将绳头再次由后向前绕至固定物前侧,越过绳结上的第一道绳索,接着从下一道绳索下方穿入。

扬帆结

这款精美结实的套钩结是由克利福德·艾什利在1944年向大家推介的，绑系方法简单快捷，只需连续多圈缠绕，最后穿入绳头固定即可。诚如其名，应用在小游艇简易主帆上的扬帆结可应对来自不同方向，不同强度的受力，且无论干湿环境，均可发挥良好效用。

1 将绳头斜向上越过固定点（范例中选择从左向右方向）。

2 绳头向下盘绕至固定物后侧，然后由下向上引至固定物前侧。

3 将绳头斜向上，从右向左越过绳尾端。

4 绳头从固定物后侧再次盘绕至前侧。

5 绳头斜向上，从左向右越过绳结中心点。

6 绳头再次向下盘绕，由绳结已盘绕出的两个绳环间绕回固定物前侧。

7 绳头斜向上，从右向左越过绳尾端和绳结已盘绕好的部位。

8 绳头在固定物后侧向下盘绕，再次引至固定物前侧。

9 最后将绳头斜向上，从左向右越过第一道已盘绕好的绳环，穿入下一道绳环。将绳结调整收紧。

套钩结

圆材结／石锚结

伐木工人通常会利用圆材结将伐倒的木材从砍伐位置拖运至就近的交通工具，拖拽过程中需克服崎岖地面上各种障碍物或涉水拖运产生的阻力。在拖拽脚手杆或圆旗杆等细长物体时，搭配加半结（圆材结从而转变为石锚结）可协助保持垂直方向受力。"石锚"在航海领域也可泛指各种轻巧的应急锚，如岩石或任何可在海上或河床边固定小船的物体。石锚结最初用于临时性衔接船只、系船浮筒或是捕虾笼。

1 将绳头围绕待拖拽的物体，从后向前盘绕一圈。

2 绳头围绕绳尾端缠一个小绳环。

3 将绳头端从绳头与绳尾间的缝隙穿出。

4 将绳头扭转方向，按照步骤2—3的方法，在绳头和绳尾间再次穿绕。

5 完成第二次穿绕（如因拖拽物的直径或绳材特性需额外增加摩擦力，可再进行第三圈或第四圈穿绕）。

6 拉拽绳尾端将环绕拖拽物绑系的套索收紧。这便是圆材结的基础款式。

绳结应用分类表

分类	绳结名称	应用	分类	绳结名称	应用
基础缠绑结、衔接结和套钩结	基础结、反手结或拇指结	🏢	套钩结	8字套钩结	🏢
	反手活结	🏢		拢帆索套钩结	⛵🏢🏕
	双股反手结	🏢		绳环双套结	⛵🏢🏕
	双重反手结	🏢		绳头双套结	⛵🏢🏕
	三重（多重）反手结	🏢		基线套钩结	🎣⛵🏢🏕
	压绑结	🏢		响马套钩结	⛵🏢🏕
	单扣套钩结	🏢		轮结	⛵🏢
	双重半套钩结	🏢		刺网套钩结	🎣⛵🏢🏕
	环编双重半套钩结	🏢		刺网结	⛵
	反手半套钩结	🏢		斜桁帆索衔接结	⛵
	反手环结	🏢		防振套钩结	🏢
	双重反手环结	🏢		相依套钩结	⛵
	外科手术环结	🎣		扬帆结	⛵
	单结套索	🏢		圆材结/石锚结	⛵🏕
	绞刑结	⛵🏢		克拉拉盘绕结	🏢
	多重绞刑结	🏢		驳船工套钩结	⛵🏕
	反手衔接结	🌲		克努特套钩结	🏕
	渔夫结	🎣🌲		桩柱套钩结	🏢
	双重渔夫结	🎣🌲		双重桩柱套钩结	🏢
	三重渔夫结	🎣🌲		冰柱套钩结	⛵🏕
衔接结	弗兰德衔接结	🌲		捆吊套钩结	⛵🏕
	双重8字衔接结	🏕		环状套钩结	🏢
	林菲特结	🎣		套钩结	🎣🏢
	齐柏林衔接结	⛵🏢🏕		船锚衔接结	⛵🏕
	可调节衔接结	🌲🏕		升级版船锚衔接结	⛵🏕
	亨特衔接结	⛵🏕		缰绳套钩结	⛵🏕
	外科结	🏢		混血结	🎣
	马具衔接结	🏢		系泊套钩结	⛵🎣🏢
	并头双重马具衔接结	🏢		帕洛马结	🎣
	环索衔接结	🏢		詹思科专用结	🎣
	内盘血结	🎣		钓鱼结	🎣
	反向单花大绳接结	⛵🏕		同心结	🎣
	同向单花大绳接结	⛵🏕	缠绑结	阿什利止索结	⛵🏕
	反向结	⛵🏕		8字结	⛵🏕
	缭绳结	⛵🏢🏕		双8字结	🏢🏕
	双重缭绳结	⛵🏢🏕		交叉结	🏢
	单编缭绳结	⛵🌲🏕		普鲁士结	🌲🏕
	引缆衔接结	⛵🌲		双重普鲁士结	🌲🏕
	8字盘绕衔接结	⛵🏕		巴克曼结	🌲🏕
	捆扎衔接结	⛵🏕		克氏结	🌲
	阿尔布赖特经典结	🎣		水手结	🌲
	上盘西蒙结	🏢🏕		彭伯西结	🌲
	下盘西蒙结	🏢🏕		蒙特防滑结	🌲
	双盘西蒙结	🏢🏕		双重蒙特防滑结	🌲
	握手结	🏢🏕		蒙特牵引结	🌲
	中心盘拧平结	🏢		缩绳结	⛵🏢🏕
	阿尔卑斯中间衔接结	🌲		哈登结	🌲
	单套衔接结	⛵🏕		双重哈登结	🌲🏢🏕
	并蒂单套衔接结	⛵		提吊式松脱结	🌲🏢🏕
套钩结	纯牛眼套钩结	⛵🏢🏕		垂挂式松脱结	🌲🏢🏕
	升级版牛眼套钩结	⛵🏢🏕		延伸法式普鲁士结	🌲🏢🏕

类别	绳结名称	应用	类别	绳结名称	应用
缠绑结	奇菲结	攀爬 通用 户外	环状结	三重称人结	攀爬 户外
	方头结	通用		弓弦结	通用 户外
	刀带结	划船 通用 户外		准尉套钩结	划船 通用 户外
	中式刀带结	通用		塔贝克结	通用 户外
	吉祥结	通用		活环结	攀爬 通用 户外
	中式纽扣结	通用		绞索结	通用 户外
	中式纽扣结（双扣）	通用		卷轴结	垂钓 通用
	裹绕宿帆盘绳结	垂钓 划船 攀爬 通用		比米尼捻拧结	垂钓 通用
	阿尔卑斯盘绳结	垂钓 划船 攀爬 通用		葡萄牙称人结	划船 通用 户外
	8字盘绳结	垂钓 划船 攀爬 通用		8字环葡萄牙称人结	划船 通用 户外
	消防员盘绳结	垂钓 划船 攀爬 通用		蝴蝶结	通用
捆缚结	祖母结	通用		手铐结	通用
	宿帆（方头）结	划船 通用		消防员椅结	通用 户外
	平结	通用	垫片结、辫状结、环编结、吊索结与其他绳结	吊桶结	通用
	宿帆平结	通用		吊板结	通用
	绑柱结	通用 户外		应急桅杆结	划船 通用
	布袋结	通用		三向缘绳结	划船 通用
	袋口／米勒结	通用		猴拳结	划船 通用
	绳头收缩结	划船 通用 户外		半打系结	通用
	绳环收缩结	划船 通用 户外		缠索打系结	通用
	梁木结	划船 通用		波尔多索结	划船 通用
	双重收缩结	划船 通用		链式绑索	通用
	蟒蛇结	通用		菱形套钩结	通用
	瓶口结	划船 通用		卡车司机套钩结	通用 户外
	阿什利平衡结	通用		圆形垫片结	通用
	双重8字结	通用		卡里克垫片结	通用
	方头花箍结（4股×5环）	通用		浪花辫状结	通用
	方头花箍结（5股×4环）	通用		长垫片结	通用
	双花箍结（2股×3环）	通用		交替环形打系结	通用
	平尾结	垂钓 通用		连续环形打系结	通用
环状结	渔夫环状结	垂钓 划船 通用 户外		双环打系结	通用
	8字环状结	划船 攀爬 通用 户外		下搭环打系结	通用
	称人结	划船 通用		螺钉打系结	通用
	爱斯基摩称人结	划船 通用		多功能滑索结	划船 通用 户外
	双重称人结	划船 通用		基础锁链结	通用
	水上称人结	划船 通用		循环基础锁链结	通用
	血环假蝇结	垂钓 通用		双股锁链结	通用
	农夫环状结	攀爬		循环双股锁链结	通用
	挽具结	通用 户外		辫状结	划船 通用
	阿尔卑斯蝴蝶结	攀爬 户外		锯齿辫状结	通用
	中长款8字环状结	攀爬		双股辫状结	通用
	弗罗斯特结	攀爬		三股辫状结	通用
	双重弗罗斯特结	攀爬		四股辫状结	通用
	双重8字环状结	攀爬		四股辫	通用
	西班牙称人结	划船 户外		八股方辫	垂钓 通用
	伯明翰称人结	划船 户外		六股圆辫	通用
	三重8字结	攀爬 户外			

绳结应用分类标识

垂钓　划船航海　攀爬探险　通用　户外

套钩结

7 利用绳头端再打一个半套钩结,将圆材结转化为石锚结。

8 半套钩结应与开始绑系的圆材结保持一定距离,根据待拖运物体的体积大小,约距离1米(1码)以上,以确保拖拽物纵向受力均匀。

克拉拉盘绕结

当需要将一条细绳与一条粗绳索衔接起来应对纵向受力时,这款套钩结可起到良好的固定作用。这款绳结同样是哈利·艾什利的杰作,发布时间约在1989年前后。克拉拉盘绕结的受力点应在绳尾端,步骤图显示为右侧(成品图显示为向上受力)。谨慎起见,建议您在绳头端预留出比步骤图更长的距离。

1 将细绳绳头环绕粗绳缠绕一圈,如采用多股缆绳需顺着绞股方向缠绕。

2 绳头绕回粗绳前侧,朝向细绳绳尾端。

3 将绳头围绕绳尾从前向后盘绕,返回前侧后向上引过前一道绳头端。

4 将绳头越过右半部绳结,从最初盘绕的绳环下方穿过。

驳船工套钩结

泰晤士河拖船船员们利用这款牢固且功能多样的套钩结来拖拽伦敦港的重型牵引驳船（无动力平底船）。马戏团和剧院的装配工，以及码头装卸工（码头工人）也常将这款绳结应用于重型专业固定装置，可支撑超大帐篷或泊靠远洋邮轮。此外，由于这款绳结无法完全系紧，可随时轻松拆解，因而它在不同环境下均具有出色的适应性。

1 将拖绳或绷索的绳头环绕柱桩盘绕一圈。

2 完成一整圈缠绕后，利用绳圈获取的摩擦力来检测受力程度，并将绳索或其他绳材调整至所需长度。

3 手执绳头（需保留一段较长的绳头），拉引出一个绳环。

4 将绳环从绳尾端下方引出，并挂在拖柱、帐篷桩或其他固定物上。

5 将绳头绕过绳尾端上方，环绕绳尾形成一个绳环。

6 利用绳头围绕柱桩缠绕一圈。

克努特套钩结

这款简单却历史悠久的绳结是由美国索具装配大师布里昂·托斯在1990年为其命名的，用于将系索或吊索与任何带有小孔的物品进行衔接，可保护折刀或其他工具，固定船帆或拴系窗帘绑带。

1 在系索的绳头端弯折一个小绳环。

2 将绳环穿入任何一个允许系索对折后穿入的孔眼。

3 将绳头（添加一个止索结）穿过绳环，拉拽绳尾端将绳结收紧。

桩柱套钩结

这款简单的套钩结名气不大，人们常常认为它称不上"正规"的绳结，而它的绑系速度甚至可以用迅雷不及掩耳来形容。利用这款绳结可以方便地将界线绳绑系在桩柱或横杆上（只要杆头容许绳环套入），从而进行人群管控或隔离道路设施。国际结绳者协会的积极分子约翰·史密斯曾表示，如果全世界仅允许保留一款绳结，那么便应留下这款桩柱套钩结，因为这款绳结（如其演示）可巧妙地演变为缠绑结、衔接结、捆缚结或环状结。

1 在绳索任一端打一个绳环。

2 将绳环围绕固定物缠绕一圈，引至两条绳头下方，然后将绳环套在桩柱上。此时，绳索的两条绳头可向不同方向拉拽。

双重桩柱套钩结

双重桩柱套钩结的设计者是约翰·史密斯，旨在弥补轮结的不足，能够更好地承载纵向拉力。

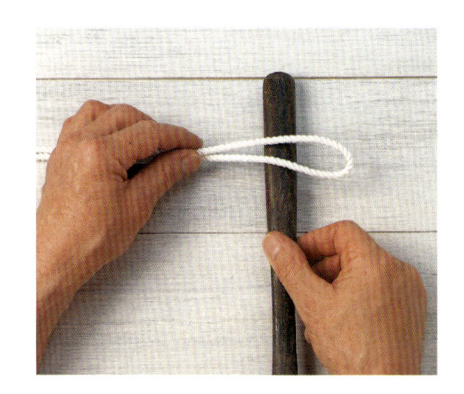

1 在绳索任一端打一个绳环。

2 将绳环围绕长杆、支柱、木桩或任何作为固定点的物体缠绕一圈。

3 绳环从绳尾端下方绕至前侧，形成整圈缠绕。

4 将绳环绕向固定物后侧，再绕一圈。

5 绳环仍然从绳尾端下方绕出，套在固定物上。这款套钩结可应对来自一根绳尾或同时来自两根绳尾，与绳环相对的拉力。

冰柱套钩结

作为双重桩柱套钩结的升级版，约翰·史密斯在1990年5月召开的国际结绳者协会第八届年度大会上演示了这款惊人的创意绳结，当时他将这款绳结绑系在插接木笔上（锥尖朝下）。正如此次演示所证明的，只要在绑系过程中认真仔细，这款套钩结便可在最光滑的固定物上承载较大的重量。近日，一位土木工程师对这款绳结给予了高度赞扬，他利用这款套钩结将一棵小树拔出地面。此前使用其他方法均未成功，且导致树皮剥落，树干光滑至极。

1 将绳索的绳头围绕固定物从前向后缠绕。

2 利用绳头围绕固定物再缠绕一圈，与计划的受力方向相反。

3 继续缠绕至少4圈，如套钩结需额外增强安全性，则再多缠绕数圈。

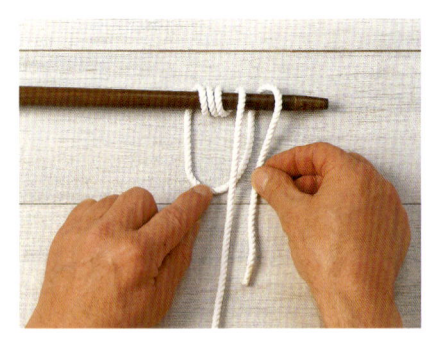

4 将绳头从后向前松松地挂在固定物末端，如图所示，在固定物后侧形成一个下垂的绳环。

5 将绳环向上，越过所有缠绕圈和两条绳尾，套在固定物末端。与横杆保持垂直方向分别拉拽绳尾，将绳结收紧。然后再次调整收紧绳结。小心添加负重，使绳结慢慢舒展开来（如图所示）。缠好的最后两圈（如绳结呈锥形，最后两圈应位于较厚的一端）密不可分，如果这两圈出现间隔，则需在绑系绳结时多缠绕几圈。只有最后两圈处于紧贴状态时，套钩结方可使用。

捆吊套钩结

这款环状吊货索带的绑系方法适于悬吊麻袋、木桶或其他矮胖、浑圆的非活动物体。如配合使用吊杆或其他吊车装置，上部的绳环需通过猫爪结套挂在钩子上。

1 将绳索、带索或吊索置于待悬吊物体下方。

2 将带索一端形成的绳环穿过另一端。

3 拉拽绳环将套钩结收紧。取出重物后可将绳结轻松拆解。

环状套钩结

我们可以利用这款套钩结将任何物体（刀子、护身符或其他饰品）与系索环进行衔接。如果绳环事先已与系索缠绑在一起，那么绳环的长度须足以穿套待悬吊的物品。

1 将绳索对折，然后将对折后形成的绳环穿入待衔接物品的孔眼中。

2 将绳环展开，并套过整个待衔接物品。

3 匀力拉拽两条绳尾，将套钩结收紧。

套钩结

这款环索套钩结借助粗壮的挂钩或环状套钩结来承担极重的负载，无论是采用大号多股缆绳的装卸工人（港口工人），还是采用细鱼线的垂钓者均可使用。负重的绳索采用双环吊钩结构，大大降低了绳索被磨损削弱的风险。收紧后的猫爪结可提供更加强大的安全性能。如果一条绳索被意外磨断，另一条绳索可承担负重并为货物缓缓下降，最终安全落地赢得时间，有效避免了悬挂物从高空坠落的风险。

1 利用环索或将绳索对折，形成一个绳环。

2 将绳环下翻，形成一对相同的绳圈。

3 将两个绳圈同时拧转，左侧绳圈顺时针拧转，右侧绳圈往相反方向拧转。

4 继续拧转3—4圈，两个绳圈拧转的圈数需保持完全一致。

5 将挂钩或其他固定物同时套入两个旋拧过的绳圈。

6 在两条绳尾端匀力拉拽，将绳结拉直，调整拧转的绳环，使之与挂钩或其他固定物保持顺畅衔接。

船锚衔接结

由于采用整圈缠绕加双重半套钩结的结构，船锚衔接结的安全性能格外出色，尤其适合应用于湿滑的绳索（例如与小型船锚衔接的绳索）。从前的水手们习惯将绳索"套钩"在船锚或帆桁上说成"接"在船锚或帆桁上，因而他们使用的套钩结往往采用令人混淆的名字，称其为"衔接结"。渔人衔接结也属于相同情况。

1 将绳索的绳头穿入吊环。

2 将绳头在吊环内再次缠绕一圈，然后引回绳尾一侧，完成一整圈缠绕。

3 将绳头穿入缠绕好的绳圈，然后打一个半套钩结。

4 再打一个完全相同的半套钩结，如图所示，保留一段较长的绳头。如果需要长期使用该套钩结，建议在绳尾端用胶带粘贴或利用绳索进行缠绑固定。

升级版船锚衔接结

这款外观齐整的升级版船锚衔接结早在1904年便已发布，但并未引起广泛关注。这款绳结实际上是由一个缠绕环包裹另一个缠绕环构成的，舒展、紧凑且安全性高。

1 将绳头穿入套环。

2 将绳头再次穿入套环，在套环上缠绕一圈。

3 将绳头穿入此前形成的缠绕环中。

4 将绳头在缠绕环中再穿一圈，实际上是在一个缠绕环外包裹另一个缠绕环。

缰绳套钩结

同响马套钩结一样，这款绳结也正如其名称所示，主要用于拴套牲口，同时也可作为通用套钩结使用。然而需要注意的是，有些马匹会咀嚼类似的绳结，最终用牙齿将绳结咬断。

1 将绳头穿过或环绕固定点，盘回绳尾端形成一个绳环。

2 绳头绕至绳尾后侧（范例中选择从左向右盘绕），在第一圈绳环下方形成第二个绳环。

3 在绳头端弯一个绳环，穿入上一个绳环后打一个带有拉环的活反手结。

4 将绳结收紧并调整可滑动的绳环，最后将绳头穿入预留的拉环加以固定。

混血结

垂钓者通常利用这款绳结将鱼线与鱼钩、诱饵或转环进行衔接。拉抻绳线的尾端，将拧转的绳圈进行调整。

1 利用环索或将绳索对折，形成一个绳环。

2 开始将绳头和绳尾同时拧转。

3 继续拧转，确保两条绳索受力均匀。

4 拧转形成5—6个绳圈，并与套环保持一定距离。

5 将绳头向回翻折，穿入套环旁预留的绳环内，并将绳头包裹在套环一侧固定。

系泊套钩结

遇到潮流时，停泊的小船会随着潮水上下颠簸，需要利用泊船缆索在柱桩上绑系这样一款活结。这款多功能绳结格外适合系泊船只，因为你可以随时进行调节，使缆索长度适应水位的不断变化。如果在一条长绳索上添加拉环，并将绳索收回船上，则需要时可轻松拆解绳结。

1 将绳头环绕船只计划系泊的固定点盘绕一圈。

2 在绳头端打一个下搭环，并将绳环置于绳尾上方。

3 绳头端再弯一个绳环（绳头预留的尺寸可长可短，视需要而定）。

4 如图所示，将新弯折的绳环按照上—下—上的顺序穿过上一个绳环和绳尾端，进行固定后形成一个便于拆解的拉环。

帕洛马结

这款绳结超级强大，有人认为它可将绳索强度保留95%—100%。通过这款绳结可将绳环与垂钓者的浮漂、鱼钩、诱饵、转环或铅坠牢牢衔接。

1 将圈状绳索（或绳索弯折形成的绳环）顶端穿入套环。

2 将绳环弯回，形成双绳弯折的绳圈。

3 然后将绳环穿入绳圈内，围绕套环绑系一个反手结。

4 将套环穿过绳索上的绳环向下推。

5 将绳环向后翻转，套过整个结扣部分。

詹思科专用结

这是一款非常牢固的套钩结，可用于衔接吊钩、线绳或转环。穿过套环绑系的双重绳圈额外提升了绳结强度，绳尾的三次穿绕为本已十分紧固的绳结添加了更多安全性能。在实际采用尼龙单丝绑系这款绳结前，建议先在粗绳索上加以练习。

1 将绳头穿过套环并置于绳尾下方。

2 绳尾再次穿绕套环，形成一整圈缠绕。

3 将绳头引至绳尾下方。

4 利用绳头围绕此前已缠好的两个绳圈及绳尾端裹绕一圈。

5 将绳头再次穿入绳环，注意裹绕位置应与套环保持一定距离。

6 继续缠绕3—4圈，然后将松弛的绳圈收紧，绳头围绕绳尾打一个反手结，打结完成。

钓鱼结

这款适合绑系在钓钩、偏眼钩和虫形钓鱼钩上的经典钓鱼结最早于1841年发布,后由汉普郡牛顿史戴西教区的梅耶·特尔推广普及。目前有些人已开始将这款绳结误称为龟结,此处特加以纠正。

1 将单丝或辫绳的绳头穿过钩眼或其他物体。

2 绳头环绕钩柄盘绕一圈,形成一个绳环。

3 绳头穿过绳环,暂时形成一个半套钩结。

4 最后如图穿绕绳头,打一个反手结。

同心结

作为一款强度较弱的垂钓绳结（约保留原强度的50%—70%），这款套钩结主要用于将钓饵与单丝鱼线或多股包塑丝进行衔接。

1 打一个反手结，然后将绳头穿入套环。

2 将绳头穿入绳尾一侧的反手结。

3 调整套环上的绳圈至所需尺寸，令钓饵保持适当活动的自由度即可。

4 利用绳头围绕绳尾再打一个相同的反手结。

5 调整第二个反手结，使之反向嵌入第一个反手结，然后拉拽绳尾将整个绳结收紧。

套钩结

111

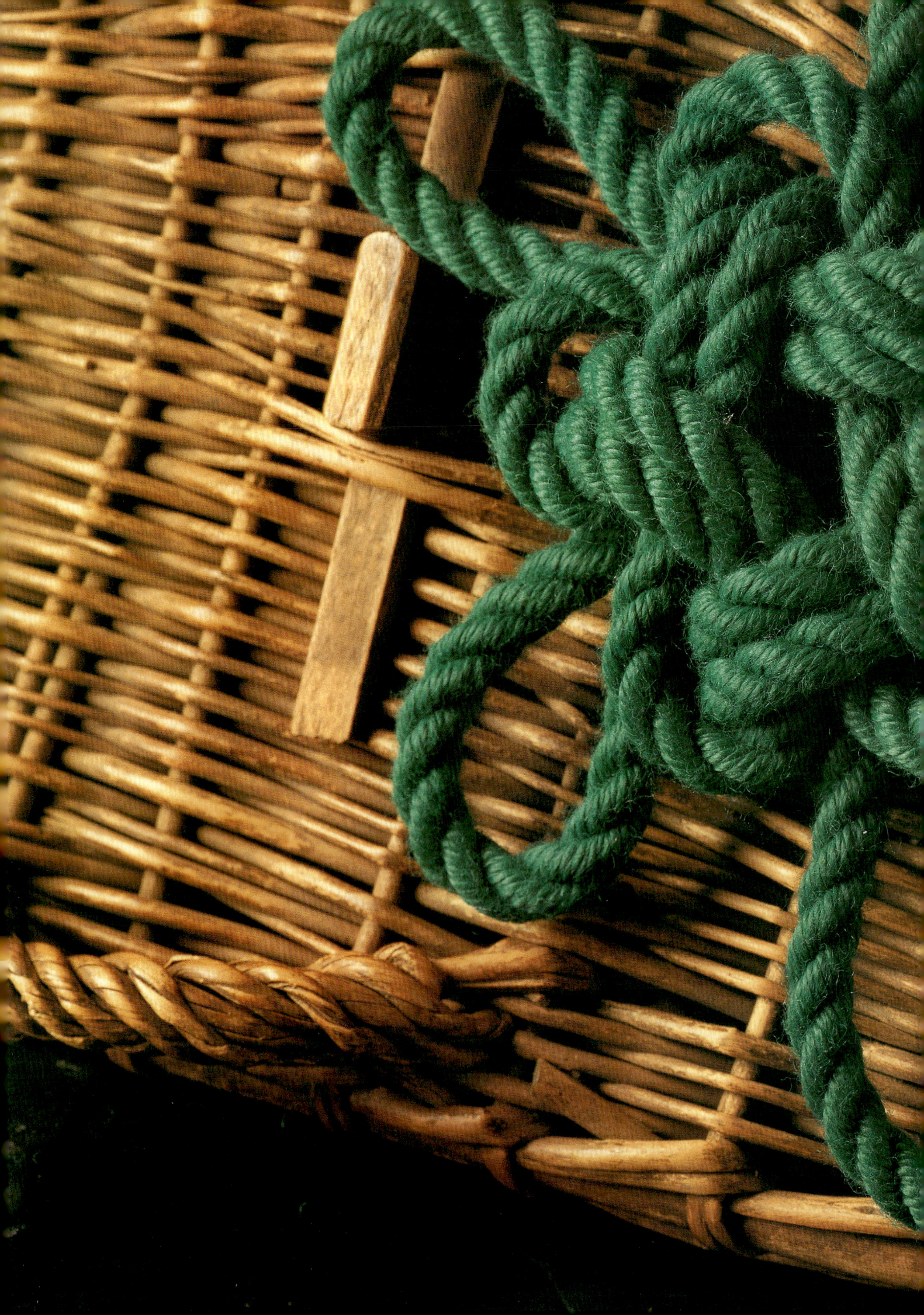

缠绑结

"他乐于整个上午躺在床上……
用时刻放在床头的绳索反复演练结绳技法。"
（默文·皮克，《歌门鬼城》，1950）

"绳结"一词除通常指利用绳索缠绑而成的结扣外，还具有特定的含义。从严格意义上讲，绳结专指除衔接结或套钩结之外的缠绑结，如止索结、收缩结、环状结和捆绑结，以及任何利用线绳或棉线、棉绳等其他小型绳材绑系的结扣。止索结可用于防止磨损（当来不及绑系绳端结时使用），但主要功能仍是防止绳索从滑轮组、导缆孔或其他孔眼中退出。收缩结属于临时绳具，可暂时缩短绳索长度，无须将绳索剪断，以便今后照常使用。环状结包含单环或多环、固定或滑动等不同形式。捆绑结可用于临时性的快速捆绑或较长期的捆扎，而滑控结则是效果惊人的减震工具。

阿什利止索结

反手结、8字结和双8字结,尽管结扣的尺寸一个比一个大,但可绑系的孔眼直径却近乎相同。如需更大型号的止索结,便要用到克利福德·阿什利在1910年前后设计的这款绳结,当时他在捕捉牡蛎的渔船上发现了一款粗大的绳结并受到启发,但并未仔细查看。从此,人们便使用阿什利的名字为这款绳结(牡蛎捕捉者使用的绳结)命名。后来,当他有机会近距离查看这款绳结时,发现它只不过是一款被浸湿并严重泡发的8字结;但阿什利发明的新款止索结仍保留下来,并成为一款小型经典绳结。

1 将绳头固定不动,弯曲绳尾端形成一个下搭环。

2 将绳尾置于绳环下方。

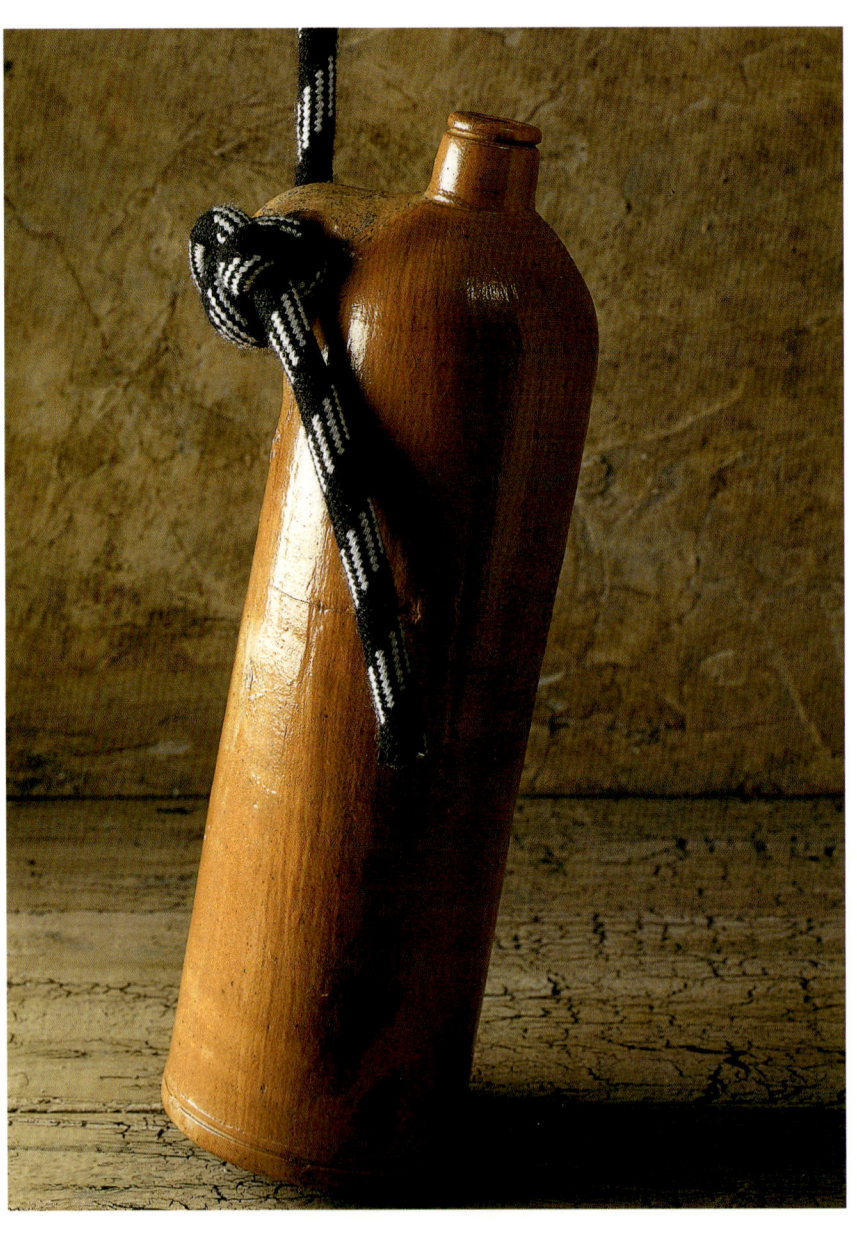

3 从下搭环中引出一个绳环,形成一个带有拉环的反手结。

4 将绳头向上引,从后侧穿入绳环(其他方向穿绕无效)。向下拉收绳尾端,直至绳环将绳头紧紧包住,绳结收紧。

8字结

小艇船员喜欢利用这款绳结来绑系三角帆引线和主帆脚索，因为8字结不仅绑系简便快捷，而且结扣比反手结更加粗大，方便拆解。不过当8字结用于与自身结扣尺寸相近的扣眼时，容易出现脱扣的现象。人们还时常用未收紧的8字结象征真挚的爱情，象征彼此交织的深厚情感。

1 在绳索一端弯折一个较小的绳环，然后拧转半圈形成一个绳圈。

2 再次拧转半圈，使绳结形成8字图案，这也是8字结名称的由来。

3 开始从绳圈顶端向外拉抽绳头。如果你希望保留拉环，则到此步便完成了绳结的绑系。

4 继续将绳头拉出绳圈，这样便完成了一款普通8字结的绑系。在收紧绳结时，先拉拽绳索两端，将结扣收紧；然后再拉拽绳尾，将绳头盘绕并固定在绳结顶端。

双 8 字结

在集装箱设备发明前,航船上的货物主要依靠码头工人逐件装卸。在搬运货物时,工人们将麻袋、木板箱和木桶从仓库吊进吊出,依靠的方法便是将绳索穿过单滑轮,并利用双8字结加以固定。

1 在绳索一端弯折一个较小的绳环,然后拧转半圈形成一个绳圈。

2 在绳环上再拧半圈,使最初的绳圈转变为两个相连的环。

3 此时再转半圈,相当于比8字结多拧转一次。

4 接着,最后再拧转半圈(第四次),从而完成绑系这款绳结的所有准备工作。

5 将绳头向上穿入绳圈,小心收紧结扣,从而将绳尾端围套住,利用绳环将绳头端固定在结扣内。

交叉结

有人可能认为这是一款最基础，同时最缺乏安全性的套钩结，只不过结绳手册中很少照此分类而已。事实上，正是由于结绳技法存在许多诸如此类的矛盾和迷惑之处，才令结绳爱好者们如此痴迷。我们可以利用这款绳结来支撑包裹绑带，或者在学校活动中，利用交叉结围绑立柱与立柱之间的界绳；甚至犯罪现场使用的塑料警戒带也可以通过这款绳结套系在树干、路灯柱和栏杆之间。（这款绳结还是绑系马具衔接结的基础）

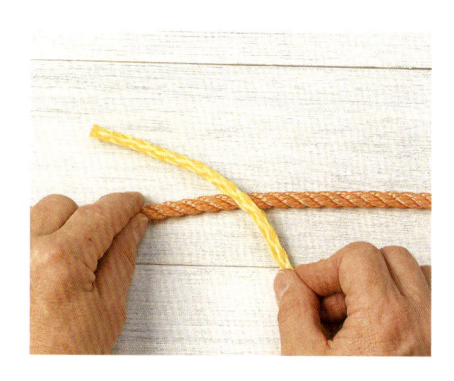

1 将一条绳索置于另一条绳索或柱子上，两者保持相互垂直。

2 将绳头从另一条绳索后侧弯回。

3 绳头弯回绳尾前侧（范例中选择从左向右盘绕）。

4 绳头再次绕回另一条绳索下方。由于绳头未经穿绕固定，此时需始终保持一定的张力，才能确保绳结不变形。

普鲁士结

奥地利音乐学教授卡尔·普鲁士博士在第一次世界大战期间发明了这款绳结，目的是用于修补乐器上崩断的琴弦。此后，他又于1931年出版了登山者指南，指导登山者利用这款绳结进行自救。在受到向下的压力时，这款绳结会出现缠绕现象，但当重力消失，绳结会自动舒解，绳索恢复至原来的高度。最初的普鲁士结如今基本已被大量其他款式的滑控结所取代，现在所有此类绳结均统称为普鲁士结。

1 在圈状绳索中取任一部分，弯一个绳环，并将绳环置于登山绳上方。

2 将绳环围绕登山绳从上至下环绕。

3 将绳环的绳尾端穿入绳环。

4 将绳环略微收紧，向上翻折，并围绕登山绳从上至下再缠绕一圈。

5 使绳环再次绕至登山绳下方。

6 将剩余的绳尾端穿入用于裹绕的绳环，将绳结收紧。

缠绑结

双重普鲁士结

在冰冻或泥泞的环境下，我们应确保不会出现打滑现象，因而需要在普鲁士结的基础上多缠绕1—2圈。由于在绑系普鲁士结时，同一条绳索上可缠绑一对绳结，因而我们可以将绳索承载的重力均分至两个绳结上。切记在绑系普鲁士结时，用于缠裹的绳索直径须小于主绳索。双重普鲁士结还可以演变为8绕（三重普鲁士）结，仅需重复步骤1—3即可。

1 打一个基础普鲁士结，将用于缠裹的绳环拉松至一定长度。

2 利用拉松的绳环围绕登山绳从上至下缠绕。

3 将绳环绕至登山绳后侧，增加一圈缠绕。绳环从登山绳下方穿过，完成绳结的缠绑。

4 绳结收紧，将4绕基础普鲁士结转化为6绕普鲁士结。如需缠绑8绕（三重普鲁士）结，重复步骤1-3即可。

巴克曼结

需搭配弹簧钩使用,与基础普鲁士结相比,更易产生位移。巴克曼结属于最老式的所谓半机械化绳结,在与登山设备组合后可发挥独特作用。

1 在圈状绳索或带索中取任一部分,弯一个绳环。

2 将弹簧钩套在绳环上,并将绳环置于登山绳后侧。

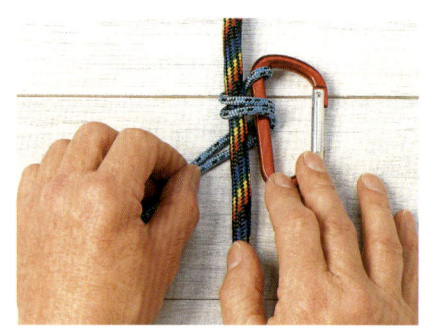

3 利用绳环进行缠裹,开始将弹簧钩与登山绳固定。

4 继续多缠裹几圈,注意绳环齐整,将两者紧贴固定。

5 继续缠裹,直至将弹簧钩缠满为止(注意不要过满造成绕线重叠)。

克氏结

这款绳结也可搭配弹簧钩使用（未提供图例演示），以便在缠裹时调整移动。

1 在圈状绳索或带索中取任一部分，弯一个绳环。

2 开始环绕登山绳缠绕绳环。

3 继续利用绳索围绕登山绳逐圈缠绕。

4 在缠裹过程中，应确保构成绳环的两条绳索保持顺畅，平行无交叉。

5 围绕登山绳缠绕4—5圈。

6 将缠裹的绳圈收紧并调整整齐（未全面演示），绳环向下引至绳尾端。

7 将绳索剩余部分穿入绳环，这款具有强大抗摩功能的绳结便完成了。

缠绑结

终极结绳全书

水手结

为了负担登山者下坠时保护装置所承受的重量，衔接固定点的绳索须绑系一个水手结（登山绳上还需绑系克氏结）。水手结可在负重状态下进行拆解，采用1.4厘米（7/12英寸）至1.7厘米（7/10英寸）的织带绑系最佳。据推测，这款绳结的名称源于其发明人，但实际并未应用于航海领域。

1 根据弹簧钩的大小，选择宽度适当的织带，在一端弯一个扁平的绳环。

2 将绳环穿过对应的弹簧钩。

3 将织带围绕弹簧钩再缠绕一次，形成一整圈缠绕。

4 将绳头引至绳尾端前侧。

5 利用绳头围绕绳尾末端缠绕一圈。

6 围绕绳尾再缠绕3圈，共计4圈。

7 最后，将绳头从绳尾的两条织带间穿入。依靠摩擦和张力固定绳结。

122

彭伯西结

彭伯西结同样属于普鲁士结，由拉里·彭伯西和迪克·米切尔于1969年设计并发布，也称为洞穴探险螺旋结。由于绑系难度较大，登山作家比尔-马驰建议在吊索上卷绕一个弹簧钩，然后将吊索穿入弹簧钩，这样可以大大简化绑系过程。切记时时根据使用者体重调整松紧度，绳结过松会出现打滑现象，过紧则难以进行调整。

1 选择与登山绳匹配的辅绳。

2 开始围绕登山绳盘绕辅绳，向上（如图所示）或向下盘绕均可。

3 围绕登山绳缠绕第二圈。

4 继续缠绕5—6圈。

5 利用上端的辅绳打一个下搭环。

6 然后将下端的辅绳穿入下搭环。

7 将绳头端（下端辅绳）围绕上端辅绳盘绕一圈。

8 将绳头向下穿入绳环，绑系一个缭绳结进行固定。

蒙特防滑结

这款防滑结是滑降（速降）、保护坠落或缓解坠落重力的有效方法，适于采用登山绳绑系，可根据需要调整松紧度。绳索紧贴弹簧钩穿插盘绕，通过制动力快速阻止登山者的下坠趋势，与汽车安全座椅的防护作用近似。尽管这款绳结可用于滑降（速降），但并不建议大家使用该功能，因为这种操作会令绳索承担过大的摩擦力，最终导致绳索"燃烧"。蒙特防滑结发布于1974年，也称为意大利半结或滑环结。

1 选择一个型号和质量与登山绳匹配的弹簧钩。

2 在登山绳上打一个绳环（须严格按照图示操作）。

3 旋松（如需要）并打开弹簧钩的开口。

4 将弹簧钩向上扣住登山绳。

5 然后将弹簧钩从后向前（其他方向锁扣无效）扣住打好的绳环。

6 绑系完成后，这款套钩结看起来近似于动态的交叉结。完成图从后侧对绳结进行展示。

双重蒙特防滑结

加拿大攀岩与高层建筑攀爬爱好者罗比特·奇斯纳尔设计并发布了这款蒙特防滑结的衍化款。围绕弹簧钩增加的一圈盘绕可加大摩擦力，从而强化负重绳索的控制能力。这款绳结尤其适合直径较小的绳索，因为细绳索更需增加摩擦力。

1 选择一个型号和质量与登山绳匹配的弹簧钩。

2 严格按照图示，在登山绳上打两个绳环。

3 将弹簧钩向上扣住登山绳。

4 然后将弹簧钩从后向前（其他方向锁扣无效）扣住打好的双重绳环。

5 完成后的这款套钩结可增大摩擦力，因而与基础款相比，可承载更大的重力。

蒙特牵引结

作为登山运动的新工具，这款绳结堪称求援者的"得力助手"。请确保在复杂的实操环境下使用这款绳结前预先进行演练。蒙特牵引结具有良好的固定作用，可用于临时绑系受伤的登山队员，其优点是可以在负重状态下进行拆解。事实上，蒙特牵引结也属于蒙特防滑结（与静态的交叉结存在动力关系），通过一个伸缩结及其背后支撑的反手结（均绑系在绳环上）进行固定。蒙特牵引结绳扣粗大，便于拆解。

1 先在弹簧钩上打一个蒙特防滑结，然后在绳头端弯一个绳环。

2 将弯好的绳环置于绳尾下方。

3 将绳环盘绕至绳索前侧，并穿入自身的环内。

4 将环绕绳尾端的反手结收紧。这样便完成了蒙特牵引结。

5 现在将绳环引至绳索前侧，接着围绕绳索盘绕至后侧。

6 最后将绳环穿入最新形成的环内，利用围绕绳索绑系的双股反手结加固结扣。

缩绳结

缩绳结可临时性缩短绳索长度。通过这种方法，可隔离明显损毁或可能损毁的一段绳索，利用相邻两段来承担负重。

1 将绳索弯折再弯折，缩短至所需长度，在平面形成带有两个绳环的"S"或"Z"字形。

2 利用一端绳尾打半个反手结，也称为杠杆结。

3 将相邻的绳环按照上—下—上的顺序穿过杠杆结，并扣紧固定。

4 将尚未完成的绳结对调方向，利用另一端绳尾再打一个杠杆结。

5 将绳环剩余的部分按照上—下—上的顺序穿入，固定住相邻的套钩结，轻轻收紧绳结两端，直至绳结平展扣紧。使用时须确保重力平均分配在三条绳尾端（除非一条绳尾已损毁，如出现这种情况，须将损毁段置于另外两条绳尾之间，并比另外两条绳尾略微松弛一些）。

哈登结

这款绳结由切特·哈登于1959年发明，也称为交叉普鲁士结或科鲁兹勒姆结。哈登结的效力与基础普鲁士结近似，不易拆解，利用辅绳或织带绑系均可。请尽量避免反向绑系这款绳结，否则将影响紧固度，造成滑脱。目前似乎只有登山者在使用这款绳结，但这并非说明这款绳结无法在平地上改作日常使用。

1 利用一条绳索或织带弯一个绳环，同时选取单条或双条登山绳备用。

2 将绳环置于登山绳后侧，然后从后向前盘绕。

3 利用绳环的另一端穿过绳环前侧，向后盘绕登山绳一圈。

4 最后，将绳环较长的一端穿入绳环。

双重哈登结

这款基础哈登结、交叉普鲁士结或科鲁兹勒姆结的升级版具有更大的摩擦力，因而可应对更大的负载重量。强化版哈登结额外增加了一圈缠绕，不仅令外观看起来略有不同，也使绳结不易松懈，足以胜任滑控结的职能。可以说，无论从哪个角度来看，这都是一款极其实用的衍化版绳结。

1 利用一条绳索或织带弯一个绳环，同时选取单条或双条登山绳备用。

2 将绳环置于登山绳后侧，利用绳环尾端围绕登山绳缠绕一周，将绳环包裹固定。绳环尾端绕回登山绳后侧。

3 利用绳环尾端经过绳环前侧，再次围绕登山绳缠绕一圈，之后重新回到登山绳后侧。

4 最后，将绳环尾端穿入绳环固定。

提吊式松脱结

为了克服其他普鲁士结的缺点，罗伯特·奇斯诺尔在1980年前后发明了这款绳结。负载端的重量会使环绕下降（下滑）绳的绳圈和绳结收紧。而松绳端受到的猛烈拉拽会首先导致顶部，随后导致其他缠绕环滑动。在绑系这款绳结时须务必注意，如果绳结存在丝毫松懈，便会在缠紧前出现滑脱，导致绳结失效。

1 在一条绳索两端分别绑系一个带拉环的8字结。取出绳索一端，绳结朝下，紧贴登山绳一侧；然后利用另一端打一个下搭环。

2 将绳头围绕登山绳从前向后盘绕一圈，并从绳环内穿出。

3 利用绳头围绕登山绳再盘绕一圈，同样穿入绳环。

4 根据所需要的摩擦力缠绕相应圈数后完成，然后拉拽下方绳头将绳结收紧。

垂挂式松脱结

相比之下，这款垂挂式松脱结的安全性要高于普鲁士结。即使出现松懈，绳结也可紧实固定，只不过在松动状态下负载重量易导致结扣分离。唯一的平衡方法是：只有用力拉拽松绳端时结扣才会滑动位置。如结扣绑系得整齐规范，垂挂负载后的松脱结可更加方便地自由移动。

1 在一条辅绳两端各打一个带拉环的8字结。

2 取出辅绳一端，绳结朝下，紧贴登山绳一侧；然后如图利用另一端打一个下搭环。

3 将辅绳绳头环绕登山绳后侧缠一圈。

4 将绳头从前向后穿入绳环，然后再引至登山绳后侧。

5 开始利用第一圈缠裹将辅绳与登山绳绑定。

6 根据所需摩擦力缠裹相应圈数。

7 将绳头如图从绳结引出，拉拽另一端将绳结收紧。

延伸法式普鲁士结

这是罗伯特·奇斯诺尔在1981年的又一项发明。与中式指套玩具近似，负载重量令织带直径减小，导致绳结出现一段延伸。我们可徒手对其进行调整，抓住上端向下拉拽，将延伸段缩短并增加直径长度，使绳结更好地释放滑控能力。事实上，设计者有意令绳结在突然负重情况下滑动，以便绳结吸收冲力，直至绳索足以承担下坠力，重新回归紧固状态，因而这款绳结堪称登山者的理想之选。无论单绳绑系还是双绳绑系，这款织带绳结表现同样出色。

1 在管状织带上折取25毫米（1英寸）的长度，如图将绳环绕在登山绳上。

2 将织带两端围绕登山绳反向盘绕，织带相遇时彼此交叉。

3 将织带两端引至登山绳后侧，后侧交叉点应位于前侧第一圈交叉点下方。

4 织带再次引至登山绳前侧，再次交叉。

5 继续围绕登山绳，按照上-下-上的顺序裹绕织带。

6 织带间出现的菱形空隙越小越好。

7 建议缠裹8—10圈。

8 在织带两端尽量贴近登山绳的位置，各打一个带拉环的8字结，之后利用弹簧钩固定。

奇菲结

这款绳结是延伸法式普鲁士结的衍生版，利用环状吊索绑系，绳结名称是从其发明人加拿大登山者罗伯特·奇斯诺尔和让·马克·菲利翁的名字中各取第一个字构成的。奇菲结可在速降（滑降）或援救过程中释放绳结使用者的双手。奇菲结与延伸法式普鲁士结渊源颇深，设计人均为罗伯特·奇斯诺尔。这款充满智慧的滑控结于1989年在《安大略攀岩协会安全手册》上首度面世，除了内部会员，外人基本对这款绳结知之甚少。尽管如此，奇菲结依然堪称一款出色且用途多样的摩擦装置。在航船上，使用者还可利用钩环和别针代替弹簧钩。注意：这款绳结会磨秃吊索表面，减小摩擦力。如吊索出现明显的光秃面，则须撤换吊索。无论任何使用环境，每条吊索的使用周期最多为10—12次。

1 将带状吊索环绕登山绳（可单绳也可双绳）放置，一端与另一端形成交叉。

2 将织带两端引至登山绳后侧，与前侧间隔交叉。

3 继续缠裹织带，间隔交叉，确保织带间的菱形空隙尽可能小。

4 继续缠裹织带，直至将吊索全部缠紧，无法继续缠绕。

5 将绳结的下半段进行整理，使之与上半段保持相同形态，利用弹簧钩在两端剩余的绳环上固定。

方头结

这款绳结可用于绑系睡衣（浴袍）带或其他腰带，带尾随意垂摆，时尚新颖。不过，方头结最适合的还是绑系围巾，彼此整齐镶嵌的四环结扣刚好在衬衫的V形领口形成点缀。由于美国已有一款方头结（英国称其为平结），因而美国人为这款绳结起了多个名字，包括盗牛结、日本冠形结、日本胜利结、中式交叉结和中式吉祥结等。

1 利用一条绳索（红色）或单条绳索的一端弯一个绳环，并将绳环套在另一条绳索（绿色）或绳索的另一端上。

2 将第二条绳索一端从第一条绳索弯折的绳环后侧向上弯折。

3 将第二条绳索一端向下引至第一条绳索的绳环前侧。

4 将第一条绳索的绳头越过第二条绳索，并穿入第二条绳索构成的绳环。依次慢慢拉拽构成结扣的四条绳头，将结扣收紧并整理平展。

刀带结

这款小巧齐整的绳结可用于为工具绑系吊环，或在项链上悬吊护身符及其他装饰物。源于航海领域的刀带结外形美观，功能多样。

1 在绳索一端弯折一个绳环，如图拧半圈形成一个绳圈。

2 将绳索其余部位弯折至绳圈上方（方向如图所示）。

3 将另一端绳头从绳尾端下方穿过。

4 然后将绳头逆时针（反时针）方向穿插固定，按照上—下—上—下的顺序穿绑一个单花大绳接结，绳头从绳结相对一侧穿出。

5 将上方右手绳头逆时针（反时针）方向盘绕，越过左手绳索尾端（其他绳索下方），从中心环孔中穿出。

6 按照近似方法，将下方左手绳头逆时针（反时针）方向盘绕，越过左手绳索尾端（其他绳索下方），从中心环孔中穿出。拉拽收紧绳结时须格外小心，逐渐收紧松弛的结扣，确保两条绳尾并行向下，绳头并于一处。

中式刀带结

这款绳结的绑系方法并没有看起来那么难，最终呈现出的特色形态和纹理会令您感到所有付出都是值得的。我们可以利用这款绳结作为绑系两条绳索的花箍结，尤其适合装点项链。中国结作家陈琳达将这款绳结称为雕梁结（雕梁表示装饰美观的屋顶），因为这款绳结十分近似于中式庙宇宫殿的装饰造型。

1 在绳索一端取一定长度弯折一个细窄的绳环。

2 利用绳索的两条长尾绑系一个半结。

3 再打一个完全相同的半结，完成一个松松地绑系的祖母结。

4 在距离7—8厘米（约3英寸）的位置，再绑系一个完全相同的祖母结。

5 翻转下方的祖母结，使祖母结底部朝上。

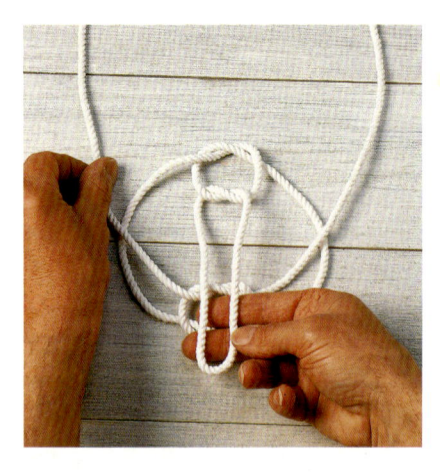

6 同样翻转上方的祖母结，使其上部朝下。

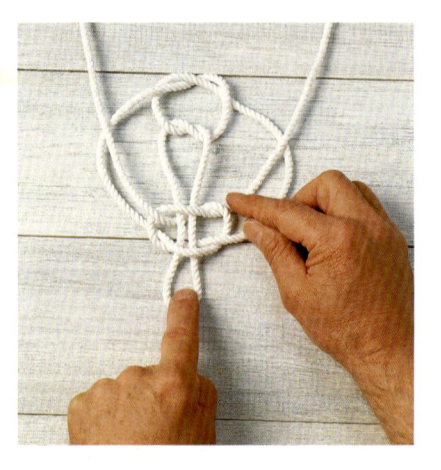

7 将最初弯折的细窄绳环向下穿入下方祖母结的中心环。

8 将左手端的绳头向上穿入上部祖母结的中心环。

缠绑结

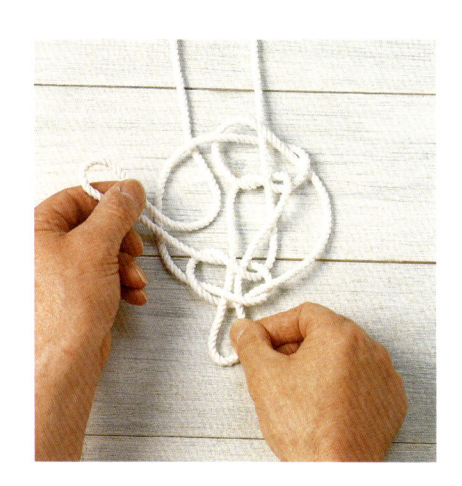

9 将接近完成的绳结正面朝下，把此时左手端的绳头引至前侧。

10 最后，将左手端的绳头向上穿入上部祖母结。注意确保预留的绳环足以套过待悬挂的物体，然后朝绳头方向小心收紧绳结（慢慢拉拽收紧）。

吉祥结

吉祥结造型醒目，结扣紧实，绑系便捷，可用于礼品包装或将钥匙绑系于腰间的装饰链（钥匙链）。如不收紧三个大环之间的第四个小环，吉祥结的造型会更加美观。

1 在绳索一端取一定长度弯折一个细窄的绳环。

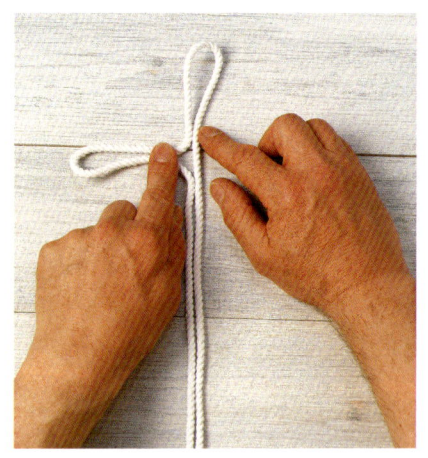

2 在左手绳尾端引拉出第二个绳环。

3 在右手绳尾端对应引拉出第三个绳环。

4 将绳索的两条绳尾同时向上，越过左手绳环。

5 弯折左手绳环，使其盖住上部绳环。

6 弯折上部绳环，使其向下盖住右手绳环。

7 弯折右手绳环，使其从两条绳尾下方穿入绳尾翻折形成的绳环。

8 小心收紧结扣，注意不要发生扭曲。

缠绑结

9 将左手绳环从上方引过下部绳环。

10 右手绳环同样向上越过下部绳环。

11 将绳索的两条绳尾向下翻折,从绳环空缺处穿入并扣紧。将第一个结扣上方的第二个结扣收紧。

中式纽扣结

这款经典的纽扣结可钉缝在书包或钱包上作为系扣或装饰小物。绑系而成的纽扣结体积过大,扣眼难以穿套,需要以绳环或饰扣来套系。纽扣结还可制作成个性耳环,但细小的配材需要高超的手艺和巨大的耐心。当采用某种硬挺的材料时,纽扣结也可呈现为扁平状,但其装饰作用远大于实用价值。

1 取装饰绳任一端弯折(长短均可)一个绳环。

2 利用一端打一个下搭环。

3 然后将绳头向下引至下搭环后侧。

4 将另一端绳头按照下—上—下—上的顺序穿过绳环(范例中选择从左向右穿越);由于绳结尚未锁紧,此时需用手辅助固定尚未完成的绳环。

5 最后将第二根绳头如图先向上,再向下穿过绳结。

6 以两条绳尾作为主干,对裂开的四瓣对称绳结进行调整,逐步收紧结扣,直至绳结呈现出蘑菇状的凸面。在结扣收紧的过程中,绳结的中心段(如图中所示位置)会缩至球心内无法看到,因而在收紧过程中需注意提拉这段绳索,使之展露在绳结表面。

中式纽扣结（双扣）

中式纽扣结通常采用双扣绑系的方法塑造出更粗壮、更引人注目的造型。在绑系这款绳结时，无须提拉绳索的中心段，底部的绳索会自然起到支撑作用。

1 从中式纽扣结的第6步开始继续绑系，注意两条绳头应位于同一侧。

2 利用其中一条绳头开始沿着上个结扣的盘绕顺序继续盘绕。

3 利用另一条绳头，沿着上个结扣的盘绕顺序反方向盘绕。

4 继续利用两条绳头盘绕，直至整个绳结由单股变为双股为止。

5 将两条绳头向下穿入结扣的中心孔环，小心将绳结收紧。

裹绕宿帆盘绳结

采用这种方法将绳索盘绕起来，并利用宿帆结（方头结）绑系固定，可有效避免绳索在搬运过程中出现混乱缠结。这种快捷简便的方法可防止各种恼人的线绳纠缠现象。该方法同时适用于粗绳和细绳，在需要使用绳索时，拆解也十分方便。

1 将盘好的绳索两头取出，打一个半结（建议预留的绳头长度大于范例所示）。

2 之后再打一个半结（打结方向相反），形成一个宿帆（方头）结。

3 利用两条绳头以宿帆（方头）结为中心分别向两边缠裹，采用完全相同的螺旋盘绕方法，将盘绳进行固定。

4 当两条绳头在初始绑系的宿帆（方头）结对面位置相遇时，再绑系一个半结。

5 之后再打一个半结（打结方向相反），形成一个宿帆（方头）结。

阿尔卑斯盘绳结

这是登山和洞穴探险爱好者在旅途中保管盘绳的惯用方法。

1 将盘绳的两条绳头并于一处。

2 将一条绳头向后翻折，形成一段15—20厘米（6—8英寸）的绳环。

3 利用另一条绳头环绕盘绳和绳环同时缠裹。

4 注意缠裹的第二圈应覆盖并固定住第一圈。

5 之后逐圈缠裹，力度略紧，每一圈整齐排列。

6 完成至少6圈缠裹，然后将绳头穿入绳环（拉拽另一端绳头，将绳环收紧固定）。

8 字盘绳结

零售店店主多采用这种方法将盘绳悬挂起来，避免损毁。通过双股盘绳的处理方式，可令盘绳紧固结实，实用的绳环方便悬挂。旅途中放在后备厢的绳索便可采用这种盘绕方法，将绳环套在某个固定物体上，避免盘绳偏离位置。同其他盘绳一样，遇到紧急状况时，可非常方便地拆解盘绳。

1 在盘绕绳索前先将绳索对折，然后再双股进行盘绕。

2 将对折形成的绳环向后置于盘绳上方，形成一个绳圈。

3 将绳环由盘绳后方绕至另一侧。

4 最后将绳环由前向后穿入绳圈（由整个盘绳构成），形成一个用于悬挂的拉环。

消防员盘绳结

这种绑系盘绳的方法可形成一个实用的挂环，属于最基础的盘绳方法，应大力推广。

缠绑结

1 将盘绳的两条绳头并于一处。

2 利用其中一条绳头打一个小小的下搭环。

3 将绳头从盘绳下方穿至盘绳后侧，再弯一个绳环。

4 将绳环从后向前穿入下搭环，慢慢将绳结收紧。利用绳环将盘绳悬挂起来。

145

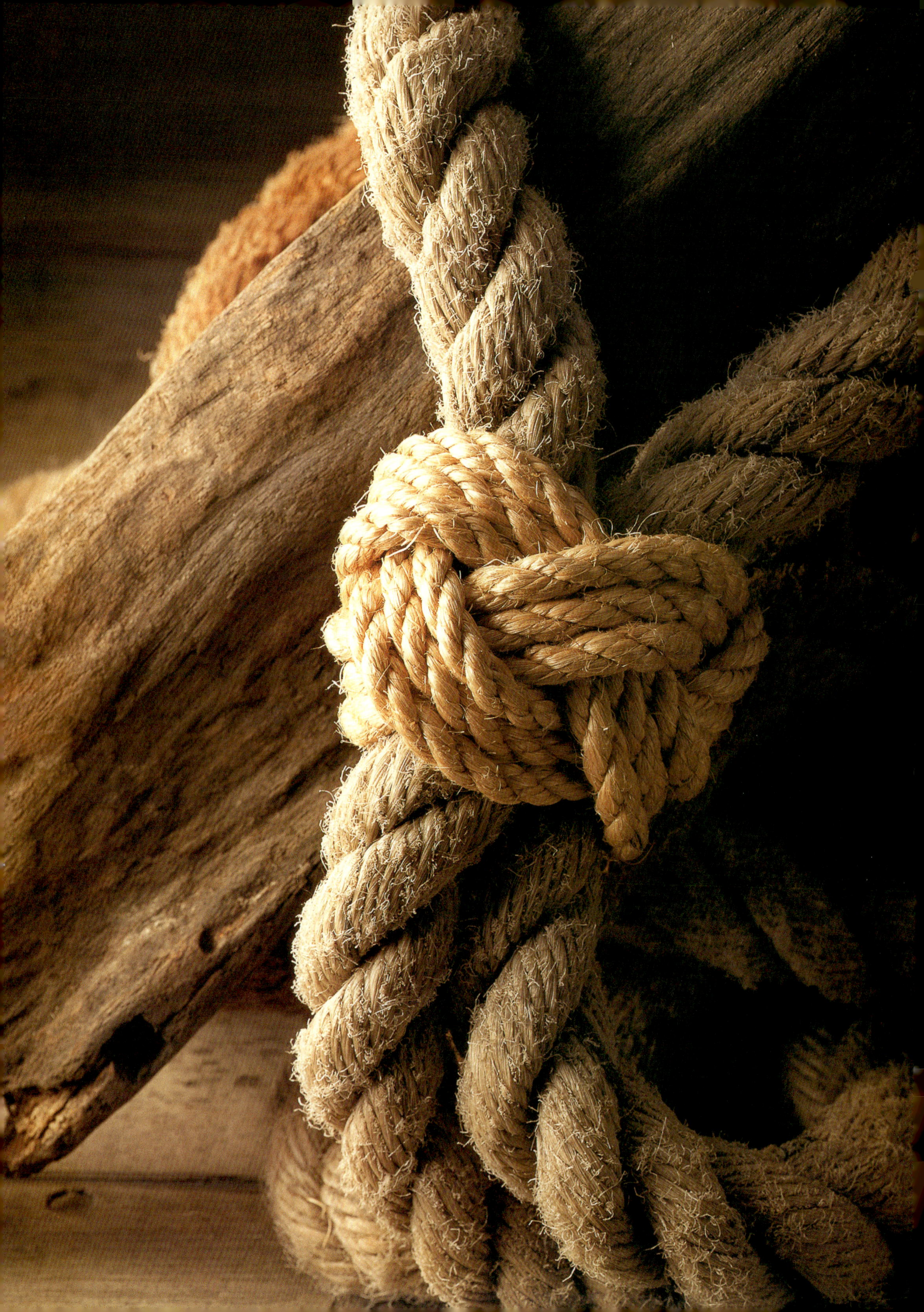

捆缚结

"为朋友舍命可以，但千万别叫我去捆包裹。"
（洛根·皮尔索尔·史密斯，1865—1946）

　　捆缚结分为两种。一种是利用绳索、带条或编织物等直径较粗的绳带环绕物体进行绑系，缠裹一圈或多圈后将绳头系紧固定（例如：捆绑包裹、在自制果酱瓶口固定盖布，或紧急救助时绑系止血带）。另一种是利用细绳绑系，依靠自身摩擦力起到固定和控制作用的收缩结（例如：防止绳头切割面磨损或在龙头上衔接软管）。捆缚结同样具有一定的装饰作用，例如因外观近似穆斯林包头巾而得名的花箍结。这款绳结包含种类繁多的衍生款式，介绍这些衍生款式的书籍也非常多，一些热心的结绳爱好者一路追寻并学习各种款式。如果您喜爱本章中介绍的花箍结，那么将有更多衍生款式期待您的探寻。

祖母结

这是最常见的一款绳结。人人都知道祖母结的绑系方法，但这款绳结的优点却乏善可陈。祖母结不仅易滑脱，而且易纠缠，完全不牢靠，经常用于绑系鞋带的双重祖母结带有两个拉环，导致鞋带常常自行松解。本章对祖母结的介绍旨在突出其缺点，从而与宿帆（方头）结、平结和宿帆平结进行对比。

1 将一条绳索的两个绳头彼此交叉，范例中选择左绳头搭在右绳头上方。

2 打一个半结，注意两条绳头向左盘旋，即逆时针方向（反时针方向）。

3 两条绳头再次交叉，同样是左搭右。

4 再打一个半结，两条绳头顺时针（左旋）方向盘绕。

宿帆（方头）结

这款由两个相连绳环构成的扁平状对称绳结在埃及、希腊和罗马家喻户晓。如果加上一对拉环，这款绳结便可衍生为双重宿帆（方头）结，用它来绑系鞋带会更加牢靠。宿帆结属于严格意义上的捆缚结，只有当挤压在其他物体上且采用两条相同材质的绳索进行绑系时才足够紧固结实，因而这款绳结仅限于绑系绷带和各种包裹（包括小艇宿帆）使用。

注意：宿帆结不得作为衔接结使用。

1 将一条绳索的两个绳头彼此交叉，范例中选择左绳头搭在右绳头上方。

2 打一个半结，注意两条绳头向左盘旋，即逆时针方向（反时针方向）。

3 再次将绳头交叉，但这一次右搭左。

4 打第二个半结。注意两条绳头向右盘绕，逆时针方向（反时针方向），与第一个半结方向相反。

平结

乍看之下，这款绳结与宿帆（方头）结十分相似，但实际上两者间存在显著差别。由于平结两条较短的绳头分别朝向相反的两个方向，自然在使用过程中会出现受力不均的现象，从而导致绳结滑脱。正因如此，这款绳结的基础款式在日常操作中几乎不具备实用价值，只能在绑系其他紧固的衍生款式时当作基础步骤。然而在结绳教学时，我们可利用这款绳结对那些自认为了解绳结及其应用的学生进行检测。

1 在绳索或线绳一端弯一个小绳环。

2 将另一端绳头向上穿入刚刚弯好的绳环，并朝向绳环较短的绳头端。

3 将穿入的绳头环绕构成绳环的两条绳索后侧盘绕。

4 最后，将绳头穿回绳环，与自身的绳尾端位于同侧。

宿帆平结

宿帆平结兼具祖母结和平结的典型缺点，属于最缺乏安全性的绳结，位于相反方向的两条绳头受力不均，会造成对角方向失去平衡。但有一个诀窍可以解决这个问题。轻拉两条绳头，慢慢滚动绳结将其收紧，然后将绳头撬至相反方向，使绳头固定紧实。通过这种方法，宿帆平结便可用于绑系花园的栅栏，或类似受力较轻的支架。

1 在绳索或线绳一端弯一个小绳环。

2 将另一端绳头向上穿入刚刚弯好的绳环，并朝向绳环较短的绳头端。

3 现在将绳头从下方穿过绳环的第一条绳索，然后再从上方越过绳环的另一条绳索。

4 最后，将绳头穿回绳环，与自身的绳尾端位于同侧。

绑柱结

经过两端绑扎，再利用一对宿帆（方头）结加以固定，我们便可将一抱金属帐篷柱或任何又长又细、不易捆绑的物体扎紧拴牢。

1 将绳索摆成"S"或"Z"字形，置于待绑系物体一端的下方。

2 将一条绳头穿入其对面的绳环内。

3 然后将另一条绳头同样穿入该绳头对面的绳环。

4 拉起两条绳头，此时两个绳环将紧紧盘绕固定住绑系物体。

5 两条绳头交叉（范例中选择左绳头搭在右绳头上方），绑系第一个半宿帆（方头）结，并将绳结收紧。

6 将两条绳头再次交叉（此次右搭左），完成绑系宿帆（方头）结。再取一绳索，在物体另一端按照步骤1—6重复绑系。

捆缚结

布袋结

　　同其他统称为袋口结的绳结一样，布袋结历史悠久，从人们开始使用麻袋盛装颗粒或粉末状物品开始，磨坊主和粮食商人便采用他们最熟悉的方式来绑系袋口。保留的拉环（如图所示）方便日后需要时随时拆解结扣。

1 取绳索的一小段绳头围绕布袋或麻袋的袋口缠裹一圈。

2 将绳头引至左上方，与绳索交叉。

3 将绳头从袋子下方引出，向上引至袋子前侧。

4 现在将绳头再次引至右侧，并对折形成一个绳环。

5 最后，将绳环穿入盘绕的绳索，形成一个拉环，将打好的绳结进行整理并收紧。

袋口／米勒结

袋口结的历史更加悠久，与布袋结不同，这款绳结无法利用绳环直接绑系，但袋口结同样可以预留绳环，以免切割结扣造成麻袋损毁。

1 在绳索一端取一小段绳头，围绕布袋或麻袋的袋口盘绕一圈，绳头垂挂在袋子前侧。

2 将位于前侧的绳头引至左上方。

3 利用较长的绳头围绕布袋或麻袋的袋口从前向后盘绕，注意需将较短的绳头缠裹在内并固定住。

4 将长绳头从后向前盘绕，重新引至袋子前侧。

5 将绳头穿入第一圈和第二圈绳环之间的空隙，进行整理并收紧。如需要，可在收紧前预留一个绳环。

捆缚结

绳头收缩结

收缩结可用于替代紧结，堪称最好用的捆缚结之一。作为一款效力持久的绳结，您可利用它固定绳头、软管，以及完成能够想到的任何特殊任务，是否保留拉环可视需要而定。古希腊人曾将收缩结用作手术悬挂带，在后来长达几个世纪的时间里，这款绳结衍变为"枪手结"，用于固定盛放前装炮弹药的法兰绒布袋。1944年，克利福德·阿什利重新发掘并开始大力推广这款绳结。当待绑系的绳索、帆桅或类似物品的端头不便绑系时便可采用这种绑系方法。在拆解收缩结时，为了避免结扣下方的物品被割伤，需借助锋利的刀具，小心割断最上层的斜向绳索，绳结会断作两段，自行脱落。

1 在绳索或线绳一端取一小段（绑系柔软物体时需选用缆绳等搓拧紧实的绳索，而绑系硬挺物品时则需选用柔软具弹性的绳材），环绕待绑系物品缠绕一圈。

2 将绳索的绳头越过绳尾端引至右上方。

3 从绑系物后侧向下盘绕至物体前侧，再次向上引领绳头。

4 将绳头从下方穿入上一圈形成的斜向绳圈，完成一个双套结。

5 如图找到绳结左上方的绳环并将绳环抻松，以便穿入绳头。

6 将绳头越过构成绳环的绳索，从左向右穿入已抻松的绳环。同时抻拉反向的两条绳头，尽可能将绳结收紧，之后紧贴结扣将绳头剪断。

155

绳环收缩结

这是收缩结的又一经典范例。如果待绑系的绳索、帆桁或类似物品的端头易于绑系，则采用这种绑系方法更加快捷。在将结扣收紧后，这款绳结的固定效果极其牢固。只要多加练习，人人均可利用这种方法，以迅雷不及掩耳的速度绑系收缩结。

1 在绳索或线绳一端取一小段，将绳头环绕待绑系物品，从前向后盘绕一周。

2 将绳头向上提拉，完成一整圈盘绕。

3 拉伸刚刚盘绕好的绳索下方，使之形成一个长长的绳环。

4 将绳环向上拧半圈（如图所示），套过绑系物的端头。

5 拉扯两条绳头，在绳索或线绳可承受的范围内尽量用力拉紧绳结，然后紧贴结扣剪断绳头。

梁木结

克利福德·阿什利最初发明这款绳结是为了给女儿做风筝时绑系两根交叉的木棒。梁木结是收缩结的衍生款，可用于绑系任何负重较轻的木架。如需要增加负载的强度，可在第一个梁木结上再绑系一个梁木结，两个绳结间成直角。

1 两个待绑系物体需相互垂直。

2 将绳头置于上层横梁的上方，环绕垂直竖梁的后侧缠绕一圈。

3 将绳头引向斜下方，盖住绳尾部分。

4 将绳头从横梁下方环绕竖梁后侧盘绕一圈，再次引回前侧。

5 将绳头从下方穿入结扣斜向形成的绳环，形成一个半结，两条绳头方向相反。尽量将绳结收紧。

157

双重收缩结

作为收缩结的衍生款，双重收缩结具有更加强大的内摩擦力和把控力，更适合绑系直径较大的物体，或绑系异形且不易归拢的物体。当绑系物体的形状不规则，且徒手无法绑系得足够紧实时，可利用柱桩结将绳索两端分别绑系在螺丝刀或类似工具把手上，以实现更大的杠杆作用。

1 将绳索环绕待固定物体缠一圈。将绳头越过绳尾端，引至斜上方。

2 绳头从物体后侧向下再次盘绕至前侧，注意绳头需位于第一圈绳环与绳尾之间。

3 将绳头向上环绕绑系物再缠绕一圈，第二圈仍采用收缩结特有的斜缠方法，覆盖住单圈收缩结。

4 将绳头向下，从物体后侧再次引至前侧（位于绳尾右端）。

5 将绳头从两圈平行的绳环内穿出，绳头应位于绳尾端右侧。

6 此时绳结即将完成，找到并抻松绳结左上方的绳环，准备最后穿入绳头。

7 将绳头越过抻松的绳索，从左向右穿过绳环。

8 将绳结尽可能收紧，紧贴结扣将绳头剪断。

捆缚结

蟒蛇结

这款牢固的捆缚结由高级织工皮特·科林伍德于1996年设计并发布,希望紧邻绳结将绑系物切断后,绳结依然能保持紧固状态。蟒蛇结有效结合了紧结和双重收缩结的结构和特性,是一种高度安全的固定方式,且绑系方法快捷简便,因而迅速为众多目光敏锐的结绳爱好者所喜爱和采用。

1 在选用绳材的一端取一小段,打一个下搭环。

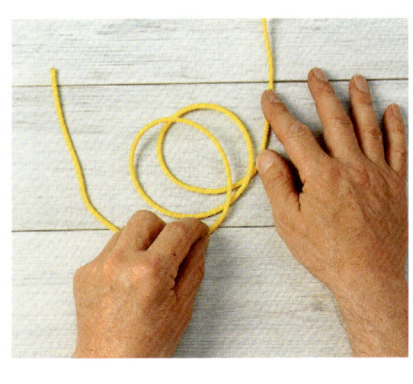

2 在第一个下搭环上再盘绕一个近似的下搭环。

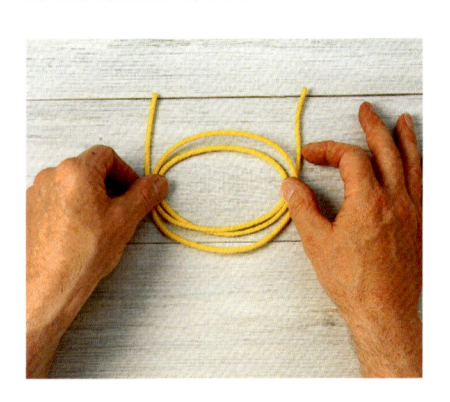

3 将绳环整理成盘圈状,两条绳头朝向同一侧,两手大拇指下应分别按压住三条绳索。

4 将绳圈的右手端旋转180度,如图所示(即:将绳圈的底端翻转至顶端)。

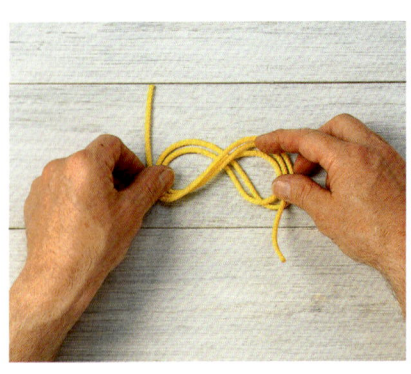

5 检查一下,盘好的8字结绳环应由三条绳索构成,而被斜向绳索覆盖在下方的部分则由两条绳索构成。

6 开始穿套缆绳、棒杆或其他待绑系的物体,从下方穿入距离较近的绳环。

7 继续将待绑系物越过两个绳环的交叉点,此时交叉点应由五条绳索堆叠而成。

8 小心将待绑系物推入距离较远的绳环,此时绳结完全套挂在待绑系物上。

9 最后将绳结进行整理,两条平行的斜向绳索覆盖在三条缠绕的绳索上。剪切后的绳头可比图示中略短。

捆绑结

瓶口结

这款辫状的绳结堪称充满智慧的发明，可牢固地悬挂住窄口瓶，甚至包括瓶口极为细窄的瓶罐、带有牢固提手的壶或罐（水罐），乃至古希腊的双耳瓶。我们可利用瓶口结在山中小溪间冰镇野餐用的葡萄酒，在农场内拖运大罐牛奶，或在厨房横梁上悬吊花篮。

1 选择一条强韧的绳索，在适当位置对折，形成一个长长的绳环。

2 将绳环向下翻转，形成两个近似的长绳环。

3 将右侧绳环的绳索覆盖在左绳环上，使两个绳环形成交叠。

4 如图找到同时覆盖住两个绳环尾端的一段绳索，开始从绳环下方拉拽这段绳索。

5 拉拽该段绳索，并按照先上后下的顺序将绳索穿过两个绳环交叠形成的环孔。

6 在已完成一半的绳结上方拉拽出长度约为7厘米（2 3/4英寸）的绳环。

7 手执绳结后侧呈弧形的大绳环。

8 将绳环向下引至两条绳尾的位置。

捆缚结

9 手执绳结前侧另一个近似的弧形大绳环。

10 同样将绳环向下引至绳尾位置。

11 试着轻拉绳环和两条绳尾,直至缠绑好的辫状链环均匀收紧。

12 将绳结套在待绑系的罐(水罐)、壶或瓶子上,拉拽外侧绳环将绳结尽量收紧。

13 将一条较长的绳尾穿入绳环,然后利用渔夫结或其他牢固的衔接结将两条绳尾绑系起来,形成两个可自行调节的提手,使用时可始终保持相等长度。

163

阿什利平衡结

　　这款巧妙的绳结可用于吊挂壶（水罐）、罐或瓶子，自动调节绳环长度，使两根提手保持同等尺寸，便于携带物体。阿什利平衡结由哈利·阿什利在20世纪80年代中期设计发明。

1 确保完成的瓶口结有两条长绳尾和一个短绳环。

2 开始透过绳环拉拽两条长绳尾，直至形成两个相同的绳环。

3 将两条绳尾衔接形成的大绳环放置在刚刚拉拽形成的两个小绳环上方。

4 将两个小绳环从大绳环内完全引出。

5 将绑系完成的绳结收紧，形成一对相同的提手。

双重8字结

发明人欧文·K.纳托尔似乎将这款绳结视为相依套钩结的演练版本，然而有人却认为双重8字结是一款更加出色的捆缚结。这款个性绳结的优点在于双8字结构非常便于掌握和记忆。可以尝试利用这款绳结来替代蟒蛇结和收缩结。

1 在绳索或线绳一端取一小段，打一个顺时针的下搭环。

2 再打一个逆时针（反时针）方向的下搭环，形成8字图案。

3 在第一个下搭环上再打一个顺时针的下搭环。

4 取出另一端绳头，在剩余的单环上方再打一个顺时针的下搭环。

5 如图所示，开始将绳结穿套在待绑系物体上，或将待绑系的物体穿入绳环中。

6 在绑系物体上将绳结调整至适当位置。

7 用力拉拽两条绳头，尽量将绳结收紧。

方头花箍结（4 股 ×5 环）

这款方头花箍结由相互交织的4条（或股）绳索和5个扇贝形环圈（环）构成。基于这些形态特征，这款绳结被授予了一个极其形象的名称：4股×5环方头花箍结（缩写为：4L×5B TH）。所有股数仅比环数多1或少1的花箍结均被称为"方头"花箍结。这种绑系方法是由查理·史密斯发明的。

1 在绳索一端取一段对折成绳环套在大拇指上，绳头从拇指根部引出，越过绳尾端，由食指和中指间（从前向后）穿过。

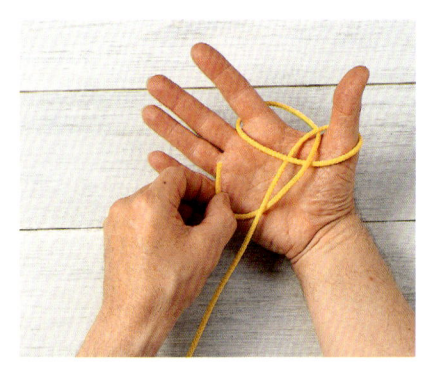

2 绳头环绕食指缠一圈，然后（从下至上）穿过拇指上的绳环，从绳尾下方穿出。

3 现在将绳头从中指和无名指中间穿出，环绕中指缠一圈，然后按照下穿一条绳索—上压两条绳索—下穿一条绳索的顺序进行穿插（如图所示）。

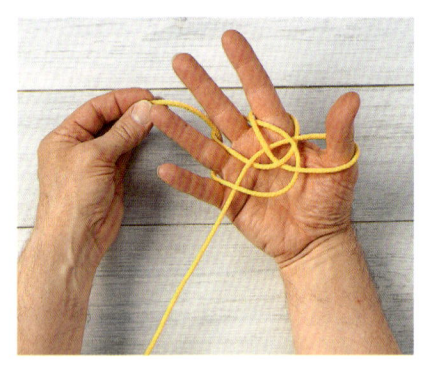

4 将绳头越过绳尾端，由无名指和小指间穿出，再由无名指和中指间穿回，由下向上从中指上的绳环穿出。

5 然后利用绳头按照如下顺序进行最后一次穿插：上压—下穿—上压—下穿—上压，之后将绳头引至绳尾端同侧，如图所示。

6 完成后的绳结仍保持扁平状，或变为环链状，然后利用剩余未缠绕的绳尾端，沿着此前盘绕的顺序，（依照现有形态）盘绕两圈或三圈。主图展现了盘绕三圈后的绳结效果图。

方头花箍结（5股×4环）

我们可利用这款单股花箍结来替代某种绳头结，用于固定绳子的切割端。这种方头花箍结可在背包束绳上形成美观且实用的滑套。此外，还可用它装饰各类物品，从钥匙扣的拉链和挂绳到经典跑车的变速杆，无所不包。

1 在绳索一端取一段对折，围绕待绑系物从后向前盘绕，从绳尾端右侧引出。之后将绳头越过绳尾端，引向斜上方（从右向左）。

2 将绳头环绕待绑系物从后向前再缠绕一圈，紧贴绳尾端右侧引出，按照上压一条绳索—下穿一条绳索—上压一条绳索的顺序，从右向左穿插。

3 将绳头围绕待绑系物从后向前再缠绕一圈，仍然紧贴绳尾右侧引出，然后（从左向右）按照下穿一条绳索—上压一条绳索的顺序穿插。

4 将绳结翻转，后侧朝前，将绳头（从右向左）按照上压—下穿—上压的顺序穿插。

5 将绳结翻回正面，然后将绳头（从左向右）按照上压—下穿—上压的顺序，穿至绳尾右侧。

6 再次翻转绳结，背面朝前。最后一次（从右向左）按照下穿—上压—下穿—上压的顺序穿插绳头。

7 将绳头与绳尾并于一处，绳结绑系完成，之后利用剩余的绳索，沿着此前的盘绕顺序重复盘绕2—3圈。

双花箍结
（2股×3环）

这种最原始的花箍结款式非比寻常。虽然猎人会用这款绳结绑系猎鞭，但日常生活中却十分罕见。

1 在绳索一端取一段，围绕待绑系物打一个反手结。

2 利用绳头围绕待绑系物从后向前缠绕一圈，从绳尾右侧引出。

3 将绳头与绳尾并行穿插。

4 利用绳头按照此前的盘绕顺序，从绳环下方穿出，始终与前一道绳索保持平行（并处于同一侧）。

5 继续利用绳头顺势盘绕，直至完整缠绕两圈。

6 同前面一样，顺着绳尾的走向盘绕，将绳头穿入下一个绳环。

7 再次穿入绳头后绳结绑系完成。按照相同方法还可绑系2股×3环花箍结。如开始先打一个双重反手结，则可绑系2股×5环花箍结。利用三重反手结可绑系2股×7环花箍结。4重反手结则可形成2股×9环花箍结，以此类推。

平尾结

垂钓爱好者将鱼线绑系在平尾（无孔）钩上，或将较短的接钩绳与较粗的线材衔接时，均需采用这款绳结。其作用与绳头结十分近似。

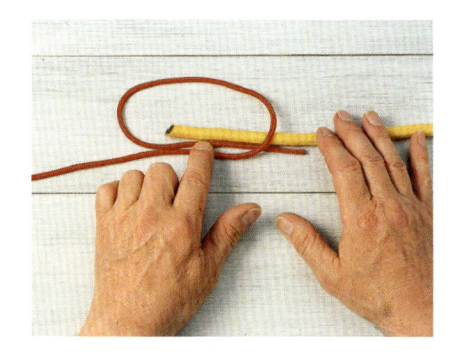

1 利用较细的绳材打一个绳圈，调整位置，将较短一端的绳头置于粗绳材一侧。

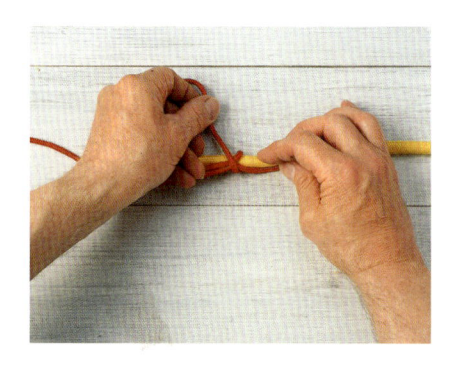

2 将短绳头固定在该位置，开始围绕绳环进行缠裹，同时将构成绳环的两条绳材和粗绳缠裹在内。

3 继续缠裹，注意每一圈均需排列整齐，缠裹紧实。

4 缠裹至2厘米（3/4英寸）后，将逐渐缩小的绳环套过粗绳材。

5 先将绳环完全收紧，然后从相反方向拉拽两根绳头，将整个绳结收紧。

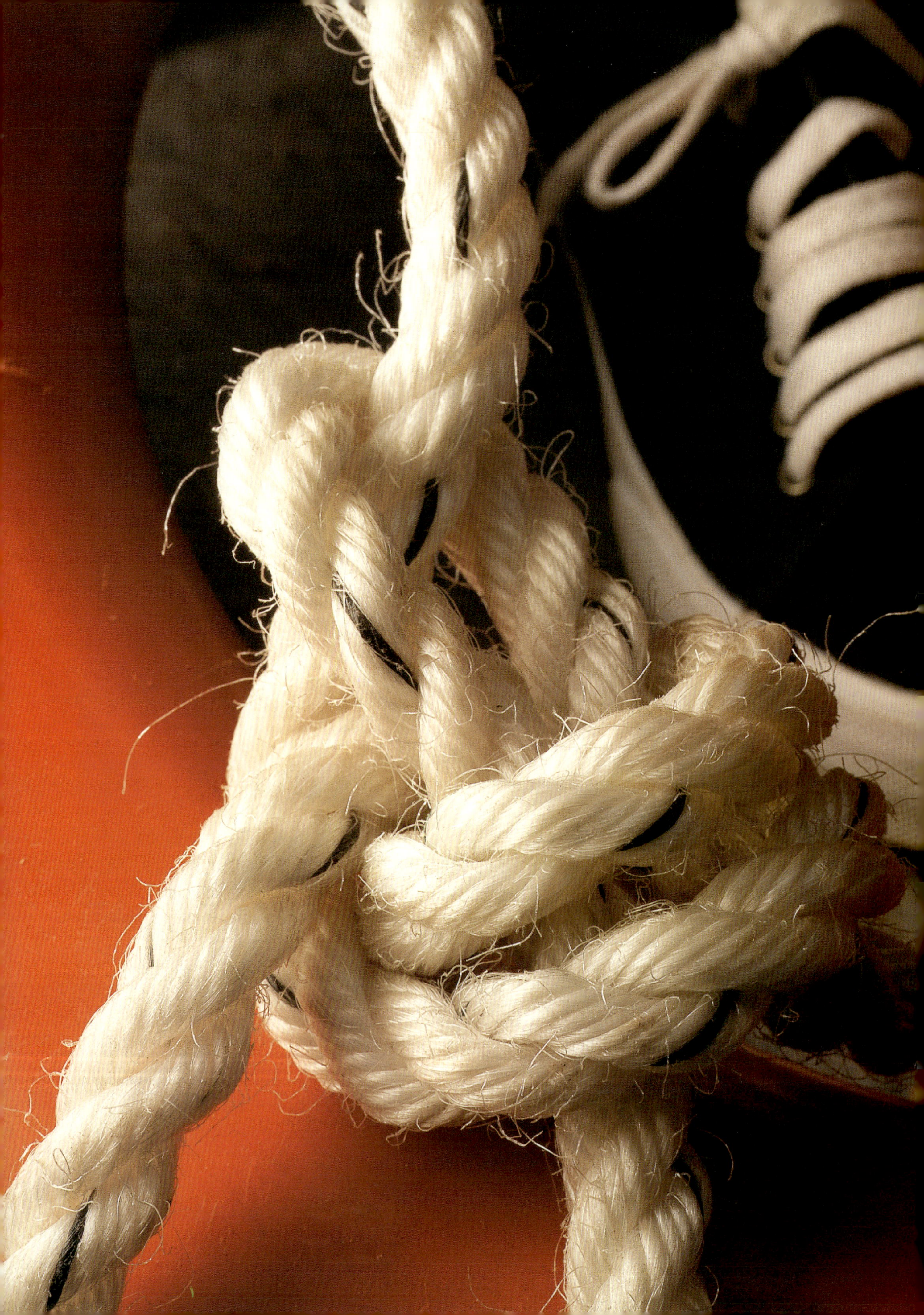

环状结

"被烈日晒得黝黑的脖颈上挂套着一条麻绳绞索……"
（道格拉斯·博廷，《海盗》，1979）

  刽子手用的套索在好莱坞影片处死暴民的镜头中时有展示，充分说明这款安全强韧的绳结善于吸收瞬间产生的外力，确保绳索不会断裂。环状结也可归入血结或筒形结，采用多圈缠裹的方法，垂钓者、洞穴探险者和登山爱好者、兽医和外科医生会分别利用各自的专业材料进行绑系，而现实世界的死刑执行人并不会采用这种绳结。他们更喜欢将绳索穿过一个简单而牢固的环孔，保持绳尾端自由拉伸即可。环状结有时可当作套钩结来使用，将其套在一根柱子或横杆上（而非环绕柱桩进行绑系），其优点在于可轻松取下绳结，重复利用。双重或多重环状结适于用作临时吊挂或营救的吊索（如当时没有更好的选择）。用于捆系包裹的活结或套索可能起源于捕猎动物和鸟类的圈套。部分环状结是由绳环绑系而成的，另外一些环状结则利用绳索的一端进行绑系。

警 示

  越来越多的法律条文规定，不鼓励使用临时绑系的环状结和简易吊索，而提倡采用正规生产，经过安全检测的吊带和索具。然而，我们难免会遇到一些特殊情况（如：救生），需要抓起一捆盘绳，迅速绑系某种救生绳结。在遇到此类情况时，本章介绍的某款绳结总会起到作用。

渔夫环状结

这是一款历史悠久的渔夫结，发明人为17世纪的艾萨克·沃尔顿爵士，采用羊肠线进行绑系，如今这款高安全性的环状结再次流行，选用的绳材也替换为人造绳索，甚至蹦极用的（高弹性）减震索也可用于绑系这款绳结。渔夫环状结也可采用绳环进行绑系，但范例中介绍的方法更加便于学习和记忆。

1 将绳头端固定不动，利用绳尾打一个反手绳圈。

2 将绳头翻折，覆盖在打好的绳圈上。

3 抽拉出一个绳环，在这个阶段，形成了一个带拉环的反手结。

4 将绳头从绳尾后侧引出。

5 将绳头穿过绳结的中心孔眼，整齐地固定在构成绳环的两条绳尾下方。

8 字环状结

从前的水手们曾将这款绳结称为弗兰德环状结，他们对这种8字环状结并无好感，因为在潮湿环境下，利用麻绳或马尼拉绳绑系后容易缠结，且负重后不易拆解。现在的洞穴探险和登山爱好者则喜欢将这款多功能绳结作为称人结的替代选择。8字环状结便于绑系，即使不专业的初学者也可顺利完成，同时也便于领队人员（在最昏暗的光线和最恶劣的条件下）进行查验。将绳头绑系在绳尾上可有效提升绳结的安全性能。

1 在绳索或缆绳的绳头端打一个宽大的绳环。

2 如图所示，将绳环拧转半圈，形成一对双层绳圈。

3 如图所示，在双层绳圈上再拧转半圈。

4 绳环穿入双层绳圈，将完成后的绳结理顺并收紧。

称人结

这种绳结曾用于衔接船头和方帆的向风侧帆缘，使之与风保持较近的距离，避免船只猛然受力（将船吹翻）。现在，人们仍在使用相同的称人结（发音为"boh-linn"），只是错用和滥用的现象不计其数，从绑系包裹到修剪树木，不一而足。称人结的主要优点之一是不易发生打滑、松懈或缠结的现象。这款绳结经久耐用，但需将绳头绑系或用胶带缠裹在相邻的绳环尾端，以提升其安全性能。

1 将绳头越过绳尾，打一个反手绳圈。

2 将绳圈顺时针旋转，在绳索尾端形成一个较小的绳圈。

3 将绳头穿过小绳圈，确保绳头（从后向前）朝向上方。

4 将绳头从绳尾后侧盘绕一圈。

5 然后将绳头向下穿入小绳圈，这一次应由前向后穿插。

6 完成后的绳结带有一条长长的绳尾（长于图例所示），对绳结进行整理，可利用胶带、半套钩结或其他绑系方法进行加固。

环状结

爱斯基摩称人结

作为正统称人结的衍生款，爱斯基摩称人结有时也被称作蟒蛇称人结。北极探险家约翰·罗斯爵士（1777—1856）曾将一辆因纽特人赠送给他的因纽特雪橇带回英格兰。雪橇上带有多款利用生皮鞭绑系的此类绳结，从而证明这是一款地道的因纽特绳结。这辆雪橇目前收藏于伦敦人类博物馆地下展厅。由于这款绳结比普通的称人结具有更高的安全性，尤其在使用人造绳索绑系时，因而十分值得我们学习和掌握。

1 在绳索一端打一个下搭环。

2 将绳索尾端引至下搭环后侧，形成一个半反手结。

3 从绳圈内将绳索尾端轻轻拉出一定弧度。

4 然后利用绳头穿插固定（上压—下穿—上压）。

5 利用杠杆结将绳头拉抽成绳环状。

6 将杠杆结下拉盖住绳环。注意这款称人结特殊的外形，在将绳结收紧后，会形成独特的三叶草状结扣。

双重称人结

经过额外的加固，这款绳结比普通称人结更加强韧（70%—75%）和安全。由于绳尾较长，双重称人结无须再进行绑系或胶带缠裹。

1 打一个逆时针（反时针）的反手绳圈。

2 在第一个绳圈上方（或后侧）再打一个相同的绳圈。

3 将两个绳圈相并，准备穿入绳头。

4 将绳头从后向前穿入两个相并的绳圈。

5 将绳头从绳索尾端后侧引出。

6 然后再次将绳头向下穿回绳圈，与此前穿入绳圈的绳索相并，保留一段较长的绳尾。

环状结

水上称人结

据称这款普通称人结的衍生款在潮湿状态下不易缠结（因此而得名）。当然，这是一款安全性更高的称人结，可承担更加粗重的任务，或在粗糙的地面上拖拽。

1 打一个称人结中使用的典型绳圈。

2 绳圈调整至适当大小，将绳头从后向前穿入，向上引出。

3 在绳尾端打一个完全相同的绳圈。

4 将绳头同样方法再穿过第二个绳圈。

5 将绳头从绳尾后侧引出。

6 绳头向下翻折，同时穿过上下两个绳圈，与此前穿入绳圈时的一端绳索并行。将基础称人结收紧，然后向上拉拽下面的绳环，使两个绳结贴紧。

177

血环假蝇结

这款绳结多采用钓线绑系,可用作念珠式钓具的启动环,但一些垂钓爱好者认为,这款绳结仅适用于飞蝇钓法。如范例中所示,改用较粗的绳索进行绑系时,绳索中央会形成一个用途多样的绳环,可吊挂任何物品。

1 打一个绳圈,作为后续三个反手结的起始点。

2 打一个基础反手结,绳环可比范例中更加松弛。

3 用一端绳头再穿绕一次。

4 第三次穿绕后形成3个反手结。

5 在相互缠绕的绳结上找到中心点,从两条绳索中间将保留的第一个绳圈向下拉出,形成一个小绳环。

6 小心整理并收紧绳结,使绳环保持适当大小。

农夫环状结

这款紧致小巧的绳结因采用简便的交替翻叠的绑系方法，一直广受结绳爱好者的喜爱。霍华德·W.赖利教授在1912年发布的一本手册中推介了这款源自美国农场的绳结，该绳结也因此得名农夫环状结。

1 围绕手掌从后向前盘绕一整圈。

2 再盘绕一圈，此时手掌前后均挂有三条绳索。

3 将中间的绳索向右翻叠，使之成为右侧绳索。

4 将刚刚移动到中心位置的绳索向左翻叠，将其移至左侧。

5 将刚刚移至中心位置的绳索再次翻叠至右侧。

6 找到并提拉现在位于中心的绳索，这条绳索将构成农夫环状结的绳环。

7 将绳环提拉到所需长度，小心将绳结收紧。

环状结

179

挽具结

这是一款古老的绳结，但美国人麦克·斯托尔克从1992年开始大力推荐在一条拴马索上间隔绑系多个挽具结，用来拴套马匹。挽具结直接利用绳环进行绑系。

1 打一个逆时针（反时针）的反手绳圈。

2 将位于上端的绳索向下翻转至绳圈后侧。

3 将绳圈右手侧的绳索从中间（后方）绳索下方向左推进。

4 之后继续向左拉拽，直至越过绳圈的左侧绳索。

5 抓住引出的绳圈，将绳结拉拽收紧。

环状结

阿尔卑斯蝴蝶结

这是欧洲登山运动中段登山选手使用的经典绳结。A.P.赫伯特曾在诗中写道，"称人结堪称绳结中的王者"，此后《童子军活动》的结绳作家约翰·斯威特补充称"阿尔卑斯蝴蝶结则是绳结中的女皇"。克利福德·阿什利又将这款绳结称为架线工环状结。这款绳结同样可以直接利用绳环进行绑系。

1 在绳索待绑系绳结的位置弯一个绳环，并将其挂在手掌上。

2 将绳头围绕手掌再盘绕一周，形成一整圈缠绕。

3 将绳索围绕手掌再次缠绕第三圈。

4 挑起右侧的绳圈，将其移至另外两个绳圈中间。

5 挑起刚刚移至右侧的绳圈，连续越过另外两个绳圈，移至左侧。

6 将移至左侧的绳圈从另外两个绳圈下方（从左向右）穿插。

7 抽拉出大小适用的绳环，然后拉拽两条绳尾，将绳结收紧。

181

中长款 8 字环状结

这种基础8字环状结的衍生款是由加拿大攀岩与高层建筑攀爬爱好者罗伯特·奇斯诺尔于1980年前后发明的，当时他希望找到一种可由任意方向拉抻不会变形的绳结（此类绳结通常需要满足此要求）。由于这是一款相对新颖的绳结，因而建议在安全环境下进行试用，以便了解这款绳结在作为阿尔卑斯蝴蝶结等经典环状结的替代选择时表现如何。

1 打一个顺时针下搭环，然后将绳头引至下搭环后侧，并由后向前（越过绳环后向下）盘绕至下搭环前侧。

2 将绳头从左向右，按照先下穿再上压的顺序，如图穿入绳环。

3 将绳索的另一端绳头从绳环下方穿过。

4 然后将该端绳头越过绳尾端，如图向下穿入绳结。先拉拽绳环，然后再拉拽绳索两端，将绳结收紧。

弗罗斯特结

弗罗斯特结只不过是利用织带绑系的一款基础反手环状结，通常用于制作小段被称为绳梯（法语：stirrups）的攀爬梯。这款绳结由汤姆·弗罗斯特在20世纪60年代发明。弗罗斯特结主要为带条绳结而设计，因此基本不会采用绳索进行绑系。

1 利用织带或捆条一端打一个较短的绳环，将另一端带头插入两条扁平的织带中间。

2 利用穿插好的三条织带或捆条打一个逆时针（反时针）的反手环。

3 将织带弯折的绳环及夹在中间的带头一起盘绕至反手环后侧，并从反手环中心引出，实际上是绑系了一个三条织带共同构成的反手结。

4 将完成后的绳结收紧，注意三条织带需保持平整一致。

双重弗罗斯特结

结合基础弗罗斯特结的绑系方法，这款衍生绳结制作的绳梯（小段织带绑系的攀爬梯）附带可供临时使用的脚登环。

1 取两段适当长度的登山带，弯折两个相同的绳环。

2 利用其中一个绳环打一个反手环。

3 然后利用这个绳环绑系一个基础反手结。

4 将另一个绳环穿入反手结，该绳环应置于第一个绳环上方。

5 将第二个绳环沿着已打好反手结的绳环方向盘绕。

6 在反手结逐渐变为双层的过程中，注意确保每条织带均保持平整。

7 绳结收紧，将一对绳环调整至所需大小。

双重8字环状结

8字环状结是广受攀爬爱好者喜爱的一款基础绳结,克利福德·阿什利在其基础上又于1944年发明了这种由双绳圈构成的衍生款式。双重8字环状结直接利用绳环进行绑系。这种特殊的衍生款式具有一种极其实用的特性,无绳头的绑系方法令这款绳结在使用过程中不会出现松懈,从而使这款绳结相对更加安全。成对的绳圈通常会保持相同大小。如需两个绳圈保持不同长度,可在已打好的绳结上耐心推送空余的绳索,从而将绳圈调节至所需长度。

1 根据所需长度将绳索对折,形成一个绳环,利用绳环打一个顺时针的下搭环。

2 将绳环一端(从右向左)盘绕至双绳索构成的绳尾前侧。

3 将绳环一端置于下搭环后侧,然后开始从下搭环内将绳环部分拉出,形成一对绳圈。

4 将刚刚打好的绳圈调整至所需长度。

5 将绳环一端套过新打好的一对绳圈。

6 然后将绳环整个套过绳结,将成对绳圈固定紧实。

西班牙称人结

这款绳结历史悠久，展开的8字形绳环足以吊起或安全下放一个成人，使用时将两腿分别插入一个绳环。这款绳结被消防队员、海岸警备队和救援队广泛采用，也被称为椅结。然而在使用过程中，被悬吊的人员须牢牢抓紧与胸部平行的一段绳索，以防翻倒。请再次查阅本章导读部分有关临时救援绳结的注意事项。这款源于航海用途的称人结久经考验，值得信赖。

1 将绳索对折，形成一个长长的绳环，接着向后翻折，形成一对相同的绳圈。

2 将左手侧绳环向上逆时针（反时针）拧转半圈。

3 将右手侧绳环向上（顺时针）呈镜像拧转半圈。

4 保持住拧转好的状态，将左手绳圈穿入右手绳圈。

5 重新调整，或放任绳索旋开，呈现如图所示的形态。

6 将下部交叉形成的弯环扩展为两个绳环。

7 将下部的两个绳环上抬并拧转半圈，穿过上部的两个绳圈。

8 向外拉拽这两个绳环，直至绳环扩展至所需尺寸；拉拽两条绳尾将绳结收紧。如果一条绳头距离绳结过近，可打一个双重反手结将其固定在另一条绳尾上。

伯明翰称人结

这款绳结仅由两个绳圈构成，造型整齐优雅，也可按照盘绳的处理方式，将更多绳圈绑系在一起。这款绳结的名称无疑是源于英国城市伯明翰在当地的昵称，该绳结的发明人哈利·阿什利便居住在那里。

1 将绳索一端对折，形成一个绳环，长度不超过所需绳圈的长度。

2 利用绳索较长的一端，按照所需长度弯折一个绳圈。

3 再次利用绳索较长的一端，按照所需长度弯折一个绳圈。（如需要，也可弯折三个或更多绳圈）

4 利用绳索较长的一端打一个下搭环。

5 将下搭环套过两个（或更多）绳圈的顶部。

6 将绳头从后向前穿入所有绳圈上部的弯环，打结完成。

三重 8 字结

这是加拿大人罗伯特·奇斯诺尔在20世纪80年代发明的又一件登山利器。

1 在待绑系的绳索上对折或选择适当位置打一个长长的绳环。

2 利用弯折好的绳环打一个顺时针的下搭环。

3 将绳环从右向左盘过两条绳尾上方。

4 将用于绑系的绳环置于下搭环后侧（由左侧插入）。

5 然后从下搭环内拉出双绳圈，从而形成双层8字造型。

6 将刚刚引出的双层绳圈调整至所需长度。

7 最后，将用于绑系的绳环从左向右越过绳尾，从引出的双层绳圈一侧（由后向前）穿入绳结，形成第三个绳圈。

三重称人结

这款绳结的发明人仍然是罗伯特·奇斯诺尔。该绳结直接利用绳环进行绑系，适于培训演练。教练和学员可将绳结绑系在树干或其他固定物上（每个绑系物配备一个高安全性的绳圈）。

1 在登山绳上对折或选择适当位置打一个长长的绳环。

2 将绳环的头部盘过绳尾。

3 将绳环向下翻折，从双层绳圈内穿出。

4 拉拽绳环，放松绳尾，使绳结构成称人结的形态。

5 将双层绳圈调整至所需长度。

6 将用于绑系的绳环头部引至绳尾后侧。

7 将绳环头部（从前向后）穿入绳结，形成第三个绳圈。一手抓紧6个绳圈的尾端，另一手抓紧两条绳尾，逆向拉抻将绳结收紧。如果一条绳尾过短，打一个双重反手结将其绑系在另一条绳尾上。

弓弦结

这款绳结具有一定的调节度，因而适于用作收放帐篷绷绳或洗衣绳的小工具。弓弦结还曾被美国牛仔和西班牙放牧人临时当作套索使用；而目前仍在伦敦大英博物馆展出的远古时期英国人（已具有2 000年历史的林多人）干尸遗骸便绑有类似绳结。

1 利用绳头端打一个顺时针的下搭环。

2 将绳头穿入绳环，形成一个反手结。

3 将绳头再次穿入反手结尾端的空隙，确保穿插方法如图所示，严格遵照先上压，再下穿的顺序（其他方法无效）。

4 将绳结收紧，在绳头端打一个小小的止索结，以防绳头松脱。

环状结

准尉套钩结

　　准尉套钩结属于滑控结的一种，可徒手滑控至指定位置（之后便固定紧实），适于调节绷绳、拉索或侧支索。根据名字便可看出，这款绳结起源于皇家海军。

1 打一个顺时针的反手环，并调整至所需尺寸。

2 将绳头翻折，从后向前穿入刚刚打好的反手环。

3 绳头朝上，开始进行缠裹，注意须将绳头此前盘绕的一圈缠裹在内。

4 将绳头再次穿入反手环，继续缠裹（引向绳尾端）。

5 绳头朝上围绕绳尾缠裹，斜向排列的两个绳圈应覆盖住此前盘绕反手环时形成的绳结。

6 将绳头引至绳环外侧，从左向右盘绕至绳尾前方。

7 最后，围绕绳索尾端打一个半套钩结，将绳结收紧，使其紧邻另一个结扣。

191

塔贝克结

这款滑控结是由肯·塔贝克改用新款尼龙登山绳后推广普及的。然而，美国花匠们早在1946年便开始使用塔贝克结，只不过那时只把它笼统地称作"绳结"。塔贝克结的控制力主要依赖于绳尾端绑系的狗腿结，因而这款绳结并不像有人认为的那样，是一款可有效对抗侧向拉力的套钩结，原因是硬挺的横杆或帆桁无法产生相应的变形。现在，这款绳结通常不用作登山结，因为它会造成登山编织绳外套的损毁。

1 打一个绳环，尺寸调整至所需大小。

2 将绳头朝下，沿绳环后侧盘绕。

3 绳头朝上盘出绳环，开始缠裹第二圈。

4 围绕绳尾盘绕第二圈，并将绳头引出绳环。

5 围绕绳尾完成两圈盘绕后，将绳头转向绳尾端后侧，向前盘绕。

6 将绳头引回绳环前侧，并如图穿入从右向左距离绳头最近的绳圈。将绳结逐渐收紧，直至结扣间无空隙为止。

环状结

活环结

这款环状结同样是由加拿大登山运动员罗伯特·奇斯诺尔发明的，可徒手从任意方向进行调节。此类绳结（及所有滑控结）具有一种独特的个性，即：瞬间产生的负载会造成绳结滑动，直至摩擦力将负载减小到一个可控的比例，绳结将再次锁死。

1 将绳头置于绳尾上方，打一个绳环。

2 将绳头围绕绳尾缠绕一圈。

3 利用绳头围绕绳尾再次缠绕第二圈。

4 现在将绳头同时裹住构成绳环的两条绳索。

5 最后，将绳头固定在缠绕的第二圈绳环下方。

193

绞索结

尽管名字听起来恐怖，但不可否认这是一款用途广泛的环状结，不过比米尼捻拧结（最强韧和安全的环状结）除外。绳结中整齐缠裹的绳圈彰显出滑控结出色的缓冲特性。绑系绳结时需确保每圈绳索彼此紧密缠绕。

1 将绳索一端摆放成扁平的"S"或"Z"字形。

2 开始利用绳头缠裹构成绳环的两条绳索。

3 注意需将位于两条绳索间凹槽内的第三条绳索覆盖在内。

4 继续利用绳头围绕三条绳索缠绕，注意须将三条绳索并紧，横截面呈三角形。

5 缠绕一圈后拉拽绳头，确保每一圈均缠绕紧实。

6 继续利用绳头进行缠绕，确保缠好的绳圈整齐紧密。

7 应至少缠绕7圈（据《水手结绳全书》介绍，7圈代表七大洋）。

8 最后，将绳头穿入临近的小绳环，然后拉拽构成大绳环的任意一条绳尾，将小绳环收紧，从而将绳头固定在内。

环状结

卷轴结

这款绳结主要用于将鱼线或辫绳绑系在卷轴（卷筒或线轴）上，在将鱼钩或鱼饵固定在线绳上时，也可当作具有强大缓冲作用的滑控结使用。

1 用鱼线、辫绳或其他线绳一端弯一个绳环。

2 将两条平行的线绳贴紧，绳头越过两条平行线绳，形成一个小绳圈。

3 继续将绳头穿过已初具雏形的绳结后侧。

4 将绳头从绳圈内引出，从而围绕构成绳环的两条线绳盘绕一圈。

5 将绳头再次穿过绳结后侧。

6 完成第二圈缠绕，将缠裹的绳圈收紧。

7 利用绳头进行第三圈缠绕，确保缠绕的每一圈整齐紧密。将小绳圈收紧，拉拽大绳圈的一条绳尾，将绳头固定在内。

比米尼捻拧结

这款大型钓鱼赛事推荐的超强环状结（95%—100%）早在1975年前便已正式发布。此处为便于演示，选用了远比实际使用过程中粗大的绳索；因此无法如实展现利用鱼线或辫绳绑系这款绳结时双手（及双脚）的配合方法。然而，我们在这里为大家准确展现了绑系这款绳结的各个步骤。仅用食指扭捻而成的多圈缠绕稍后需左右展开，形成裹套在外的绳圈，为绳结加固并收尾。

1. 利用线材一端50厘米（20英寸）的长度弯一个绳环。将食指插入绳环顶端，开始扭拧绳圈。

2. 利用绳环扭捻约20圈，将构成绳环的两条绳尾固定住，避免绳环松解。

3. 将绳环两边展开。在实际绑系过程中，这一步需借助双脚配合，双手需用来控制上面的两条线绳。松开扭拧的多圈缠绕，开始扩展绳圈。

4. 双手执握的位置会覆盖一层缠裹的绳圈。拉紧线尾端，保持稳定的松紧度，将绳头呈90度穿入缠裹好的绳圈，保持绳圈缠裹紧密。

5. 利用绳头端，围绕大绳环的一条绳尾绑系一个半套钩结。

6. 最后，利用绳头围绕绳环的两条绳尾再绑系一个半套钩结。

葡萄牙称人结

从前的水手们由于需要随船航行海外，往往精通多种语言，因而他们之间流传的绳结名称显得较为混乱。菲利克斯·莱森贝格称这款绳结为法式称人结；而克利福德·阿什利在其家乡马萨诸塞州新贝德福德市考察来自葡萄牙的航船后将这款绳结命名为葡萄牙称人结。这款绳结被用于拴系工作吊板，船员的双腿套在一个绳圈内，另一个绳圈则用于支撑背部。

1 利用绳头弯一个小号的反手绳环。

2 同方向再打一个大号的绳环，将尺寸调整至所需大小。

3 当绳头接近小号绳环时，将绳头引向小号绳环后侧。

4 向上引出并穿过绳环，方法近似于绑系普通的称人结。

5 将绳头围绕绳尾端从后向前盘绕。

6 最后，将绳头向下穿入小号绳环，将环绕两条绳尾的结扣收紧。最终保留的绳头尺寸应长于范例中演示的尺寸。

8字环葡萄牙称人结

利用一对这样的多功能绳结可悬吊起一块木板或一把梯子，当作临时高空作业台使用，但需要注意的是，构成8字环的两个绳环可相互扯动，改变对方的松紧度。当这种特性会导致危险时切勿使用。这款绳结的图例曾出现在里斯本出版的《Tratado de Apparelho do Navio》条约（1896）中，据克利福德·阿什利记录，这款绳结是在葡萄牙航船上首次被发现的。

1 将绳索如图摆放。

2 将下方绳圈的尺寸缩小，固定住左手的绳环，弯折绳头，在绳结右手侧形成第二个绳圈。

3 将绳头从下向上穿过位于中间的小号绳圈，然后将绳头引至绳尾后侧。

4 最后，将绳头向下穿入中心绳圈。然后调整8字环的两个绳圈至所需大小，接着将近似称人结的结扣收紧。

蝴蝶结

蝴蝶结属于种类繁多的手铐结的一种，而手铐结是胡迪尼逃脱术中常常采用的绳结。事实上，蝴蝶结最初可能用于夜间拴系家畜，代替拴马索使用，以便动物自由吃草。这款绳结需利用绳环进行绑系。

1 弯折选定的绳索，打一个顺时针的反手绳环。

2 接着再弯折一个逆时针（反时针）的下搭环，尺寸与第一个反手绳环相同。

3 将两个绳环部分重叠，左手绳环置于右手绳环前侧，准备如图拉引左手绳环的前缘，（从前向后）穿过右手绳环，同时拉引右手绳环的前缘，（从后向前）穿过左手绳环。

4 向外拉拽两个绳环，调整绳环尺寸至所需大小，将绳结收紧。

手铐结

与基础款蝴蝶结相比,手铐结略有不同,它的两个绳环彼此联结,但这种看似更加精致的手铐结是否就比基础蝴蝶结更加强韧牢固,目前尚无定论。

1 弯折选定的绳索,打一个顺时针的反手绳环。

2 接着再弯折一个逆时针(反时针)的下搭环。

3 将两个绳环部分重叠,右手绳环置于左手绳环前侧。

4 如图拉引左手绳环的前缘,(从后向前)穿过右手绳环,同时拉引右手绳环的前缘,(从前向后)穿过左手绳环。

5 调整绳环尺寸至所需大小,将绳结收紧。

消防员椅结

手铐结或蝴蝶结均是绑系这款绳结的基础。对消防员椅结进行深入研究的科林·格伦迪曾证实两款绳结的绑系效果同样出色。调整至适当尺寸后，利用一个绳环套住被救者腋下，另一个绳环套在膝盖后侧。一位救生人员利用较长的一端绳头下放被救者，另一位救生员则拉拽绳索下端，确保被救者与高墙、峭壁或其他危险源保持一定距离。

1 弯折选定的绳索，打一个顺时针的反手绳环。

2 接着再弯折一个逆时针（反时针）的下搭环，尺寸与第一个反手绳环相同。

3 将两个绳环部分重叠，右手绳环置于左手绳环前侧。

4 如图拉引左手绳环的前缘，（从后向前）穿过右手绳环，同时拉引右手绳环的前缘，（从前向后）穿过左手绳环。

5 调整绳环尺寸至所需大小，将目前打好的绳结收紧。

6 将左手端的绳尾先盘绕至左手绳环后侧，再绕回至绳环前侧。

7 将绳头向下穿入其自身盘绕形成的绳圈，绑系一个半套钩结。

环状结

8 将右手端绳尾先盘绕至右手绳环前侧,再绕至绳环后侧。

9 将绳头从后向前穿入其自身盘绕形成的绳圈,再绑系一个半套钩结。

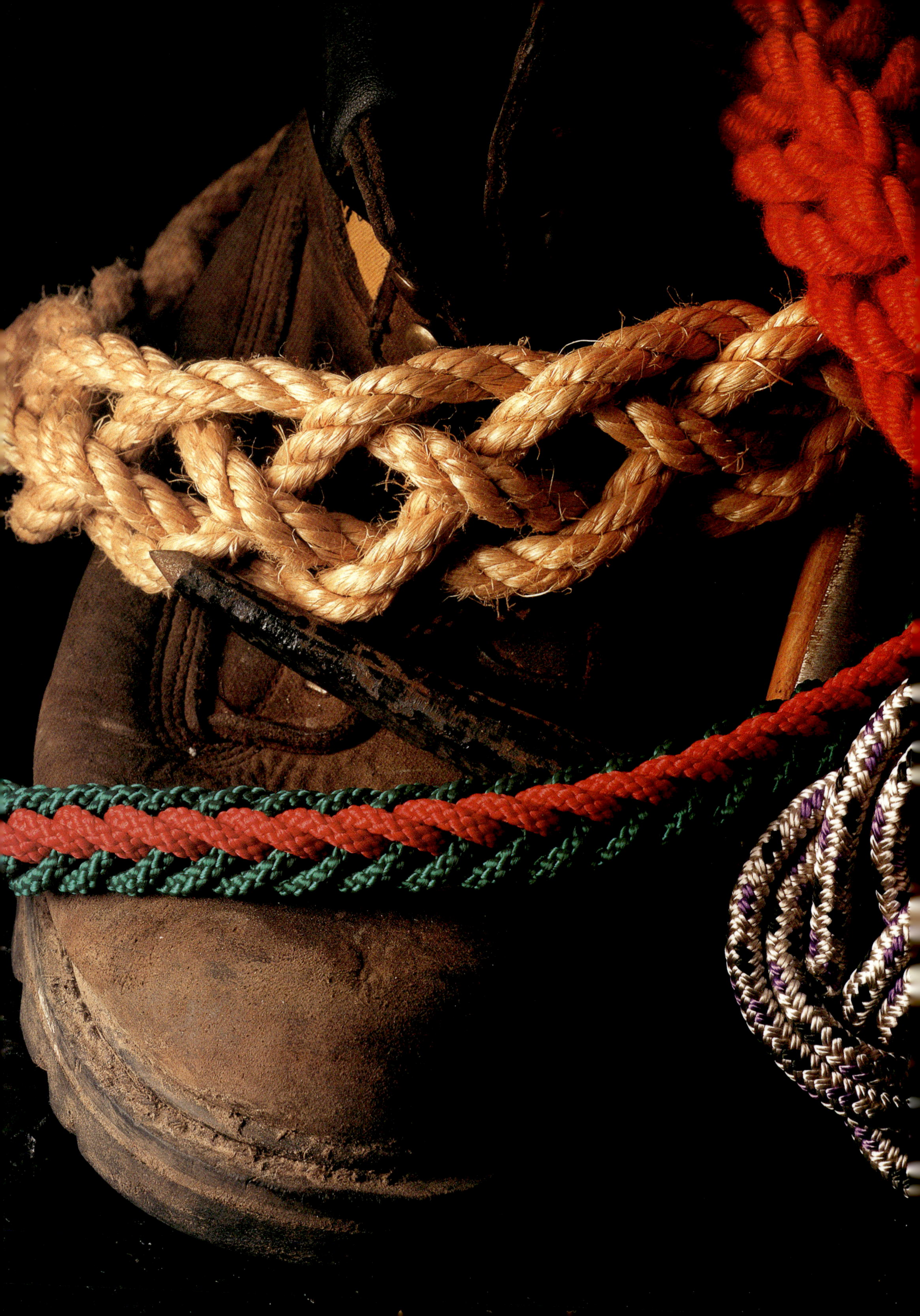

垫片结、辫状结、环编结、吊索结与其他绳结

"只需一些线绳，外加一点巧思，就能将我的长袖毛衫变身为一款休闲背包……"
（弗雷德·霍伊尔爵士，《奥西恩旅程》，1959）

绳结如同工具，搭配其中的四五种即可完成你能想到的各种任务，只不过有些工具得到正确使用，有些却被误用。最好的策略是全面掌握各种衔接结、套钩结及其他款式，这样你便总能正确搭配不同工具，高效完成手头的任务。绳结的款式众多，衔接结和套钩结的使用频率可能不高，然而一旦遇到它们能够发挥作用的时刻，其他款式便无可比拟。本章将为大家精选此类使用频率不高，但却效果极佳的绳结。

吊桶结

利用叉状反手结可悬吊或悬降各种装有物品的开口桶类容器。绳头须固定在绳尾端，尤其须注意底部绳圈切勿从绑系物品下方滑脱。这款悬吊绳结看似仅适于发挥此类作用，实际上它曾是船员们搬运盆桶类物品最便捷的工具。

1 将吊绳置于绑系物下方，在绑系物顶部打一个半结。

2 将半结从中间分作两半，分别向下套在绑系物一侧。

3 拉住绳结分离后的两条绳尾，将环绕绑系物的线绳理顺。

4 最后，在较短的一端绳头绑系一个称人结，与绳尾端固定在一起。

吊板结

垫片结、辫状结、环编结、吊索结与其他绳结

吊板结是绑柱结的升级版，但使用粗绳代替了缆索。利用一对吊板结可临时搭建起高空工作台。

1 将绳子一端置于木板或其他平板下方。

2 木板下方再次弯折一个绳环，形成一个"S"或"Z"字形。

3 将绳头一端越过木板，穿入木板另一侧的绳环。

4 将另一端绳头同样越过木板，穿入对面的绳环。

5 调整并收紧吊板结，将绳环顶端收紧至木板上侧边缘（正面侧边），然后将较短的绳头绑系固定在绳尾端。

应急桅杆结

这款绳结拥有三个可调节的绳环，以往的主要功能是操控船上的桅杆。每个绳环与两端绳头形成多个连接点，以起到必要的防护作用，为绳结增加稳定性和支撑力。如今，这款绳结主要以精致的外观而著称，成为绳结爱好者用于展现结绳技艺的经典款式。

1 弯折绳索，打一个顺时针的反手绳环。

2 再打一个逆时针（反时针）的下搭环，两个绳环部分重叠（左手绳环置于右手绳环之上）。

3 在两个已打好的绳环右侧再打一个逆时针（反时针）的下搭环，并将其置于中间绳环下方，与中间绳环部分重叠。

4 在中间绳环内部，继续拉近左右绳环的重叠度（右手绳环置于左手绳环之上）。

5 拉引右手绳环，按照下穿—上压的顺序引出，形成一个长长的左手绳环。

6 同样方法拉引左手绳环，按照上压—下穿的顺序引出，形成一个同等大小的右手绳环。

7 最后，拉引中心绳环的上侧边缘，形成顶部的第三个绳环。

三向缭绳结

当你需要一条三向系带时，可以考虑这种简单而有效的解决方案。三向缭绳结由瑞典海洋艺术家兼结绳作家弗兰克·罗塞诺于1990年首度发布，他是在希腊航行时发现这款绳结的。

1 取出三条绳索，规格和材质均可不同。

2 取其中一条绳索弯折一个绳环，优先选择三条绳索中较粗大、较硬挺的绳材。

3 将另外两条绳索由下向上穿入绳环中。

4 将穿入绳环的两条绳索围绕绳环缠绕一周，并从自身下方穿过，这样便打结完成，三条绳头均位于绳结同一侧。

垫片结、辫状结、环编结、吊索结与其他绳结

猴拳结

经典的猴拳结可增加引缆或甩线的重量，从而提升和增加其抛甩的速度与距离。这款绳结需要添加一个球心（如圆石头等重物），以使绳结保持球形，在完成最后三圈缠绕前需将球心塞入绳结内。注意在抛甩时，绳头应抛向接绳方一臂距离的位置（切勿直接抛向结绳者），以免添加重物的绳结伤人。

1 选择重量与粗细适度的绳索，如需水上作业，建议选择具有浮力的绳索。

2 从较短的一端绳头开始，逐渐向外盘绕三整圈，将绳圈平放握住（逐圈并列排放）。

3 将绳圈旋转90度，同样方法再缠绕三整圈。

4 继续再多缠绕两圈。注意后面缠绕的两圈须平行排列，并将前面三圈覆盖在内。

5 再次将绳结旋转90度，并如图所示将绳头从绳结顶部空隙间（两组缠绕的绳圈之间）穿出。

6 然后再将绳头从绳结底部空隙间（两组缠绕的绳圈之间）穿回。

7 完成最后三圈缠绕，与前两组缠绕成90度垂直，塞入圆形石头、废旧壁球或其他尺寸适当的硬质填充物，耐心地逐渐将所有绳圈收紧。利用打结或胶带缠裹的方式将绳头固定在绳尾端。

垫片结、辫状结、环编结、吊索结与其他绳结

半打系结

我们可通过绑系多个半套钩结来固定长条包裹（如地毯或从DIY商店买来的塑料管等）。在捆绑好第一个绳圈后，继续排列整齐地等距离绑系多个半套钩结，以使包裹表面的压力均匀分布。在反向交叉打结的过程中，保持适度张力即可，无须过紧。

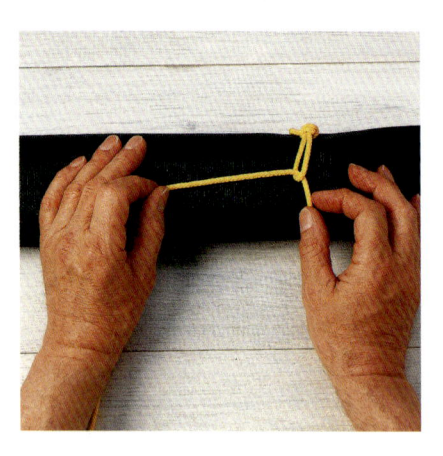

1 在绳索一端打一个固定的小绳圈，将较长的一端绳头从绳圈内穿入，围套在待绑系物上，形成一个可滑动的大绳圈。

2 弯折绳索，打一个下搭环（顺时针，间隔距离如图所示）。

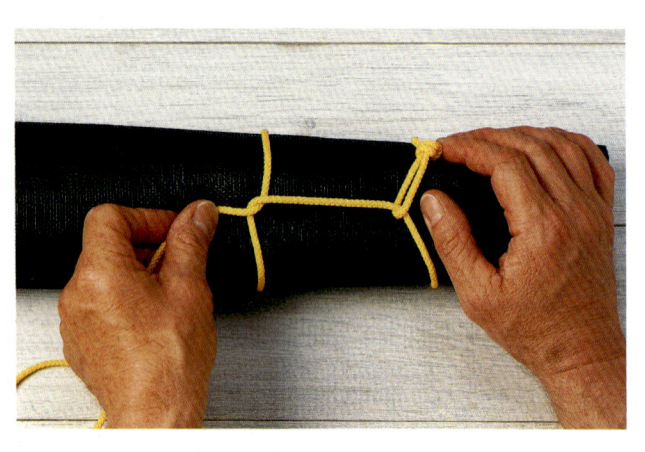

3 下搭环从包裹另一端套入绑系物，将形成的半套钩结收紧。

4 利用绳环，按照相同方法重复绑系多个半套钩结，将绳结收紧后须保持各绳结等间距排列整齐。

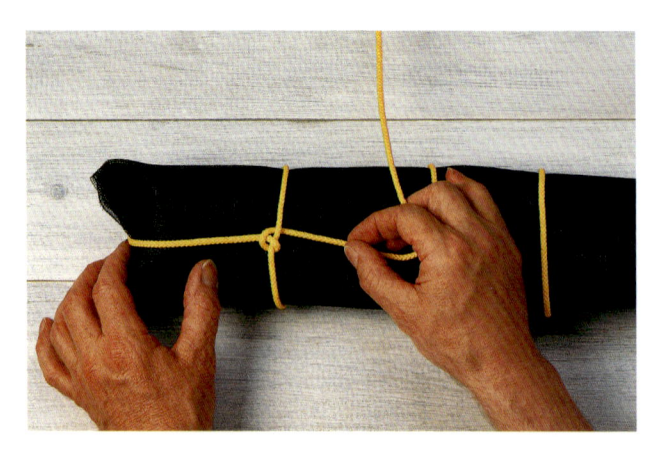

5 当绑系至包裹另一端时，将绑系物翻至反面，在第一个交叉点打一个交叉结。

6 相同方法继续绑系交叉结，收紧每个绳结时注意保持已打好半套钩结的间距。

垫片结、辫状结、环编结、吊索结与其他绳结

7 绑系至包裹另一端时再次翻转包裹，将绳索穿入开始打好的小号绳圈内绑系一个固定结。

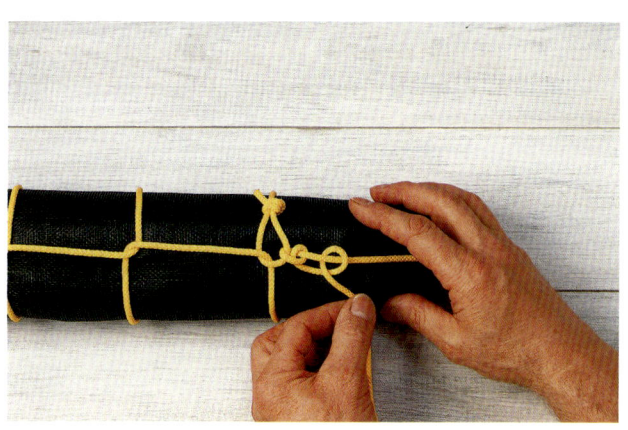

8 最后再打两三个套钩结固定收尾，包裹绑系完成。

213

缠索打系结

缠索打系结从外观看与半打系结几乎一模一样，实际上却存在很大差别。将两款绳结从包裹上滑脱时便可看出差异：半打系结滑脱后便彻底松散开来，也就是说这款绳结可在绳索中段直接绑系，而缠索打系结滑脱后会保留一串反手结（因此需要利用绳头进行绑系）。这种方法在绑系过程中不易变形，但绑系速度会比简单的半打系结慢一些。这款绳结可用于捆绑冬季存放的花园吊床、搬家时托运的地毯，或包裹任何不易处理的长条状物品。

1 在绳索一端打一个固定的小绳圈，将较长的一端绳头从绳圈内穿入，围套在待绑系物上，形成一个可滑动的套索。

2 利用绳头围绕包裹打一个反手结。

3 将反手结拉紧，这里与绑系半打系结时不同，反手结可产生更大的摩擦力，使周边的绳结保持不变形。

4 相同方法继续绑系多个反手结，注意沿包裹平均分配间距。翻转包裹，反向绑系交叉结至起始位置，打结收尾。

垫片结、辫状结、环编结、吊索结与其他绳结

波尔多索结

这款收放自如的伸缩式绳结绑系便捷；拉拽一头可将绳结收紧，另一头则将绳结放松。我们可将这款绳结工具用作晒衣绳或船上救生筏的速降索。

1 在绳索一端绑系一个结实牢靠的固定绳圈（图例中采用了渔夫结的绑系方法）。

2 将绳索的另一头穿入小号固定绳圈，形成一个大号可滑动的绳环。

3 将绳头反向绕回，围绕大号绳环可滑动的一端绑系一个活动绳圈。

4 利用与另一端绳头相同的固定绳结将绳圈固定。如需将绳索收紧，将两个绳结向相反方向拉拽，如需将绳索放松，则将两个绳结并于一处。

215

链式绑索

与其他绳结款式相比，这款绑索结需要耗费更多绳材，但它格外适合绑系粗大且不规则的长形包裹，且这款绳结还具有一大优点：只需轻拉一端的绳头，绳结便可轻松拆解。如果选用与包裹成对比色的精美绳索或线绳进行绑系，这款绑索结便会尽显出锯齿形图案的魅力，可用于包裹礼盒或纸箱，尽管这些礼品盒无须绑索结也同样牢固。

1 在绳索一端打一个固定的小号绳圈，然后从绳圈内拉引绳尾，形成一个绳环。

2 将绳尾端从绑系物下方穿过，环绕绑系物一圈向上引出。

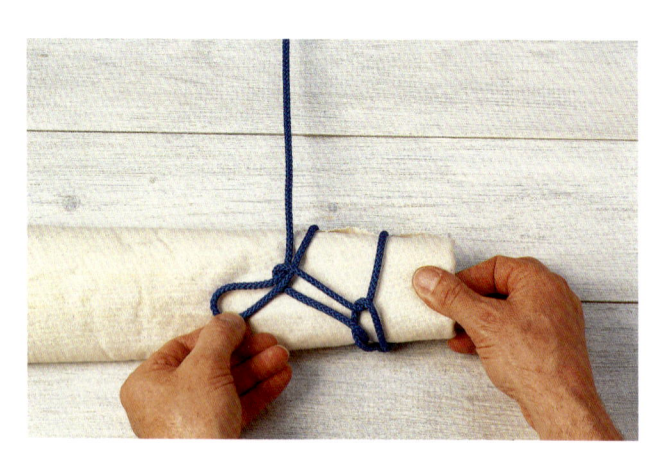

3 从第一个绳环内，由下向上拉引绳尾端，形成第二个绳环。

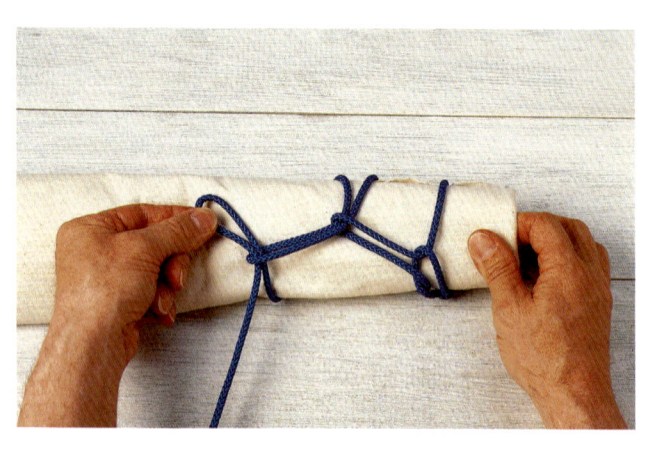

4 将绳尾向绳环相反方向围绕包裹向下盘绕，然后从第二个绳环中将绳尾引出，形成第三个绳环。

5 重复步骤2和3，从第三个绳环中引出第四个绳环。

6 继续间隔交错绑系绳环，直至达到包裹尾端；从最后一个绳环内将绳头完全引出。

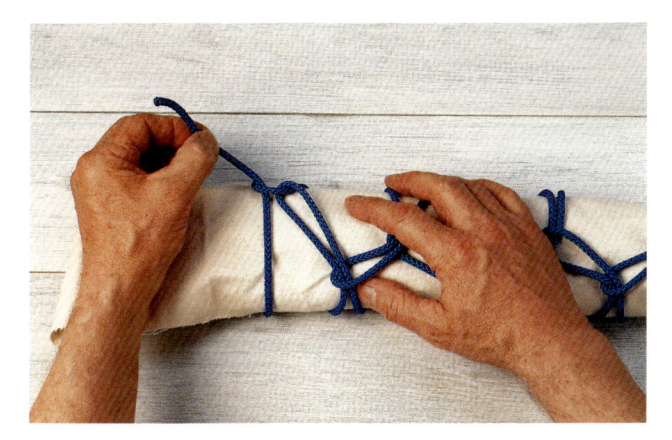

垫片结、辫状结、环编结、吊索结与其他绳结

7 将绳头再次围绕即将绑系好的包裹缠一圈,然后将绳头穿入自身形成的绳圈下方。

8 最后将绳头围绕绳尾端缠绕数圈进行固定。

菱形套钩结

探险家、勘探者或其他拓荒者均需依靠牲畜来拖运各种物品，他们曾挚爱这款套钩结，现在我们仍可在较写实的牛仔电影中看到相关镜头。这款绑索适于固定不规则物品，此类物品不仅在骡马背上会发生扭动变形，即使放在沙滩车、机动雪橇或其他摩托车（普通或越野）上也难免出现类似情形。此外，菱形套钩结还是背包客携带不易打包物品的理想绳结款式。

1 选择一款适用于背包架或行李架的绑索。

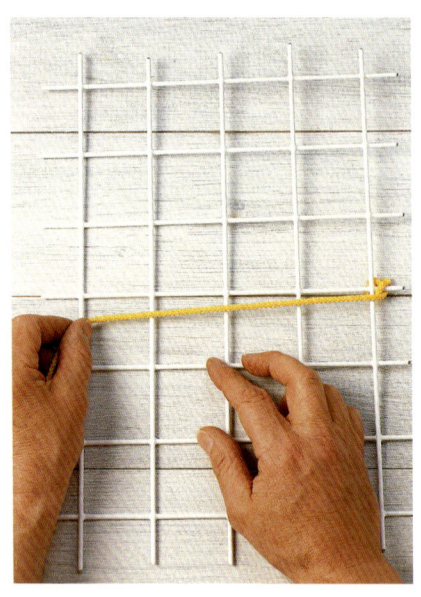

2 将绳尾端固定在一个中心锚点上。

3 将绳索松松越过绑系物，在与第一锚点相对的第二锚点位置绕回。

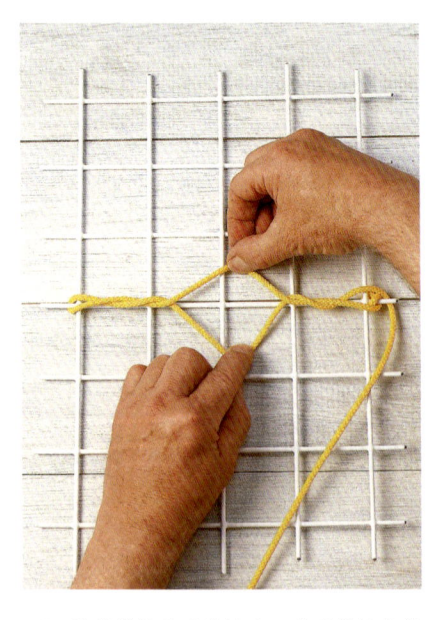

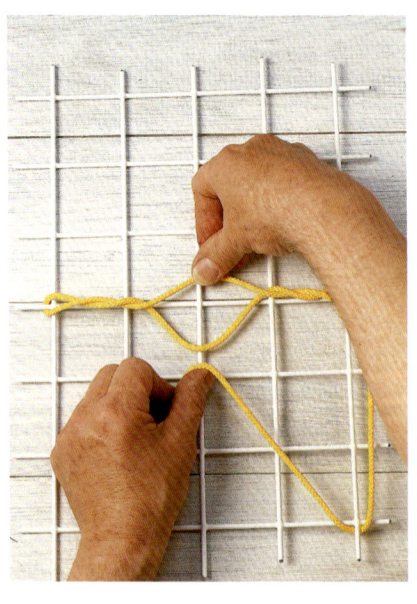

4 拧转缠好的两条绳索，直至将绳索基本收紧。找到两条绳索缠拧的中心点。

5 将绳索向下引，从拐角的锚点绕回。将绳索从此前找到的缠拧中心点穿入。

6 再次下引绳索，从下一个拐角锚点绕回。

垫片结、辫状结、环编结、吊索结与其他绳结

7 然后将绳索向上从菱形中心孔内穿出，菱形套钩结便因中心孔为菱形而得名。

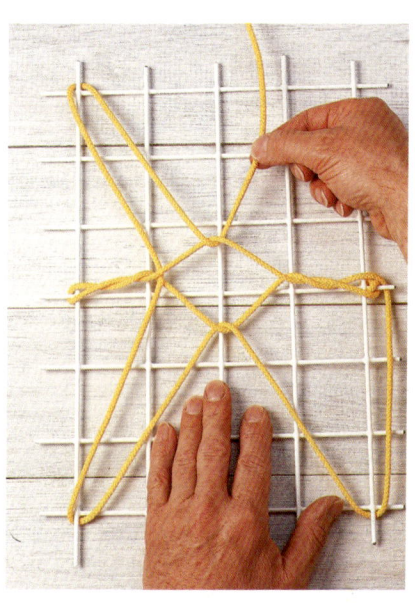

8 将绳索从第三个拐角锚点盘回，再次穿入菱形中心孔。

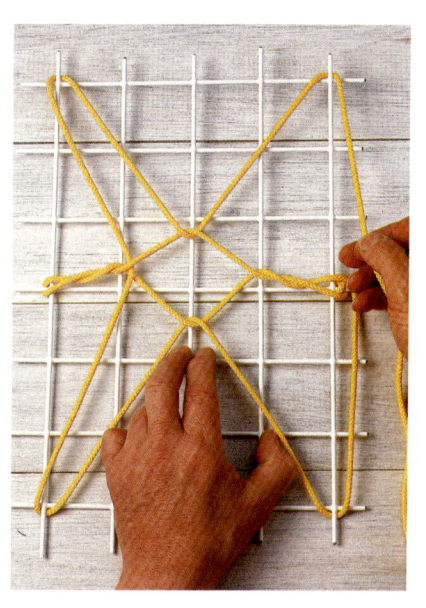

9 将绳索绕过最后一个拐角锚点，向下引至起点。将绳头固定在起点。

219

卡车司机套钩结

凡是尚未以机械上紧和锁封装置替代绑索的地方，卡车司机们至今仍在使用这款绳结绑系货物。这款套钩结最初是由拖运物品的马车夫和商贩们使用的，他们需要驾驶马车走家串户，从一个乡镇到另一个乡镇贩运货物。当时这款绳结被称作车夫套钩结，但随着时代的发展，这款绳结的应用领域也在逐渐发生变化。

1 将绑索固定在卡车或拖车外侧的固定点上，然后将绳索越过待绑物，引至内侧。

2 在绳索上打一个逆时针（反时针）的反手环。

3 在绳尾端弯折一个绳环，并将其穿入（由后向前）刚刚打好的反手环内。

4 将穿入绳环后下方形成的长绳圈逆时针（反时针）拧转半圈。

5 继续拧转半圈，使下方的长绳圈形成一对互联的弯环。

6 拉拽绳尾端的另一个绳环，将其穿入拧转绳圈后最下方形成的弯环。

220

垫片结、辫状结、环编结、吊索结与其他绳结

7 将下方最新引出的绳圈挂套在车辆内侧的一个固定点上。

8 将绳尾端绕过车辆同侧的另一个固定点；然后将绳索越过绑系物，抛向车辆外侧。重复步骤2—7，直至将货物固定紧实。

圆形垫片结

这款盘状绳结既可替代普通垫子使用，也可经过粘贴，装饰到鼓乐队的制服上，用途广泛多样。

1 取一段绳索对折，并在绳头一侧打一个逆时针（反时针）的反手环。

2 将绳头在反手环后侧向下拉引，形成对称的双圈饼干状。

3 取出绳索的另一端绳头，向左上角方向穿引（上压—下穿—上压）。

4 将绳头顺时针盘回，再向右下角穿引（下穿—上压—下穿—上压）。

5 将绳头穿至绳尾一侧。继续按照第一圈的盘绕顺序，穿绕成两股或三股绳结。将绳头在绳结反面粘贴或钉缝固定。

垫片结、辫状结、环编结、吊索结与其他绳结

卡里克垫片结

这款绳结既可当作普通垫子使用，也可用于创作其他艺术或手工作品。如利用手掌绑系这款绳结，则可当作领结环使用。

1 取一段绳索，打一个顺时针的反手环。

2 将绳头在反手环后侧向下拉引，形成对称的双圈饼干状。

3 将绳头在绳尾后侧（从左向右）盘绕。

4 如图将绳头顺时针，按照上压—下穿—上压—下穿的顺序沿绳结盘绕。

5 将绳头穿至绳尾一侧并与绳尾保持平行。继续按照第一圈的盘绕顺序，穿绕成两股或三股绳结。

223

浪花辫状结

这款外观精美的绳结既可采用纤细的捻绳，也可选用超粗的缆绳。成品可用作桌垫、杯垫、乐队制服装饰或门垫，您也可以设计一款挂在墙上。绑系绳结时需将绳材钉在软木板或泡沫砖上加以固定，直至最终完成穿插固定。

1 取一条长绳索，在绳索一端打一个逆时针（反时针）的反手环。

2 将较长一端的绳索（向左）盘绕，越过打好的反手环尾端。

3 将较长的绳头抬起，（由左至右）从反手环顶端越过。

4 将绳头（从右至左）引向斜下方，并将绳索置于下方绳环之上。

5 拿起绳索的另一半（现在已变为绳头），将其（从左至右）越过现在的绳尾端。

6 通过最近的一个绳圈，按照下穿—下穿的顺序，斜向（右上方）穿插绳头。

垫片结、辫状结、环编结、吊索结与其他绳结

7 将绳头由右向左，按照上压—下穿—上压—下穿的顺序，斜向盘绕。

8 再次斜向穿插绳头（这一次由左向右），按照上压—下穿—上压—下穿—上压的顺序，从绳结右下方穿出。

9 将绳头并至绳尾一侧，沿着第一圈的顺序重复穿插成双股或三股绳结。

长垫片结

这款绳结原名延长结，因为这款垫片结的长度可随意延长。只要绳材（和耐心）足够，这款绳结便可无限拓展。实际使用过程中，通常会在浪花辫状结的长度不足，需要扩展尺寸时改用长垫片结。

1 根据最终垫片成品的大小选择适当长度的绳索，将绳索（大致）对折。

2 打一个顺时针的反手环，将绳材盘回，形成一个长长的左手弯环。

3 将长绳头（从左向右）越过上方的反手环。

4 取出绳尾端，在此前绳头盘绕的上方打一个长长的右手弯环，与左手弯环对应。

5 按照上压—上压—下穿的顺序，将绳头向斜下方（从右向左）穿插，并将绳头置于长长的左手绳环上方。

6 将左手弯环顺时针向左手方向拧转一圈。

7 在长长的右手弯环上同样顺时针拧转一圈。

8 将拧转后的右手弯环置于拧转后的左手弯环上方。

垫片结、辫状结、环编结、吊索结与其他绳结

9 将左手绳头按照下穿—上压—上压—下穿的顺序,(从左向右)斜向下方穿插。

10 将右手绳头按照上压—下穿—上压—下穿的顺序,(从右向左)斜向下方穿插。

11 将交织的绳垫调整对称并适当收紧。将绳头穿插至绳尾一侧,沿着第一圈的顺序重复穿插成双股或三股绳结。

227

交替环形打系结

我们可对大号金属环进行套封保护，以免它们与坚硬物体表面发生磕碰。小号金属环则可作为百叶窗拉绳的装饰环等。细致耐心的刺绣工人有时会制作数十个，甚至数百个精美的小号圆环，然后将它们缝合起来，制成蕾丝或梭织感的墙饰、被子等物品。

1 取出一段绳索，将它穿入待套封的金属环。

2 绑系一对反向的半套钩结，近似于吊索结。

3 再绑系第三个半套钩结，须与第二个半套钩结形成镜像，将绳结收紧。

4 再打第四个半套钩结，须与第三个半套钩结形成镜像，也就是与第二个半套钩结完全相同。

5 按照步骤2—4的方法重复绑系，直至绳索将整个金属环完全覆盖。

连续环形打系结

这款绳结完成后状似细长的脊骨，较适合小号截面环。

1 打两个相同的半套钩结，近似于一个双套结。

2 再打第三个半套钩结，注意绳头缠裹和穿插的方向应与前两个保持一致。

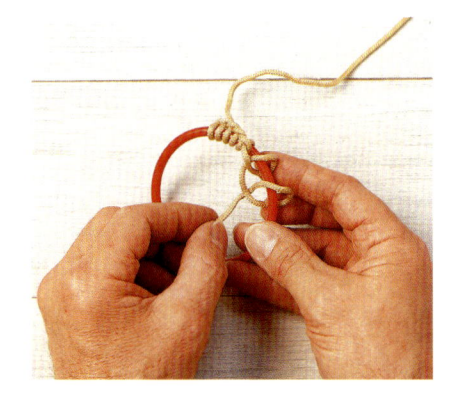

3 不时对绑系好的绳结进行调整，保证脊骨状绳结不会随着圆环螺旋盘绕，同时边整理边将绳结收紧。

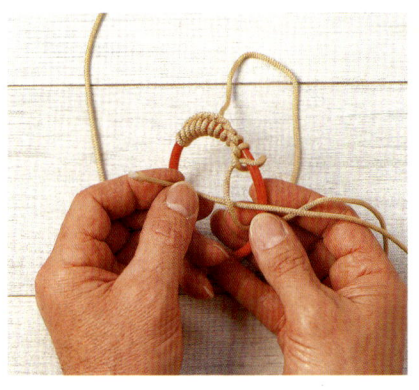

4 继续围绕圆环打半套钩结，自始至终保持同一方向。

5 继续打半套钩结并定时将脊柱状绳结理直，直至覆盖满整个圆环。最终可将绳头编成辫状固定，如成品图所示。

229

双环打系结

在利用相对较细的绳索绑系直径较粗的圆环或希望绑系后圆环显得更加粗壮时,这款绳结(带有索状脊)的美观程度要优于连续环形打系结。环形打系结可按比例放大或缩小,既可应用于许多手工艺品当中,也可用于绑系各种工具把手。

1 将绳头围绕圆环绑系一个8字形,先向上越过圆环前侧(从左向右),然后绕至圆环后侧(从右向左),绕回圆环前侧后斜向下方盘绕(从左向右),再次绕至后侧(从右至左),在圆环前侧按照下穿—上压的顺序穿插(从左向右)。

2 将绳头由右向左从外侧绕过圆环,然后将绳头斜向上同时穿过绳结上的两个绳圈。

3 重复步骤2,将绳头由右向左从外侧绕过圆环,然后再将绳头斜向上同时穿过绳结上的两个绳圈。

4 定时将绳结的索状脊调正,以免其偏离中心线,同时将绳结收紧。

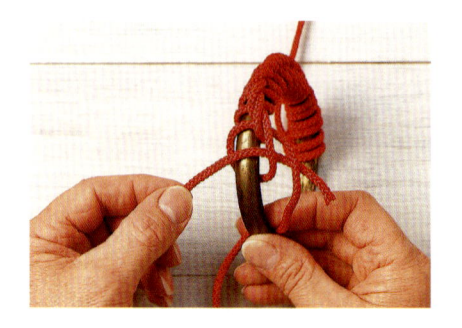

5 继续利用绳头围绕圆环缠裹,自始至终保持相同方向。

6 重复将绳头穿入绳结上的两个绳圈,直至整个圆环全部被绳索覆盖。

垫片结、辫状结、环编结、吊索结与其他绳结

下搭环打系结

这款环套绳结产生的索状脊近似于锁针状，最适合绑系粗大的圆环。无论是这款环套还是其他环形打系结，均可由刺绣工人利用纤细的捻绳或绳索进行制作，也可由制绳工人利用羊毛、棉或丝来制作。皮革工人也可利用结实的皮带进行绑系。总之，这种技法的用途广泛多样。这种打系结看起来与编织针法十分近似，但编织物品便于拆解，而这款绳结则是由多个独立的绳结构成的，每个绳结均独立绑系并被固定紧实，与编织针法不同，打系结不依赖于前面的绳结或编织针。这款套环适于用作灯绳或窗帘绳。

1 将绳索围绕圆环缠一圈，使绳索的两部分（朝上的绳尾和朝下的绳头）形成交叉。

2 在绳头端打一个顺时针的下搭环。

3 将绳头穿过圆环（从右向左）。

4 将绳头穿过下搭环，并将绳结收紧、整理。

5 继续围绕圆环缠裹，每一圈均穿入下搭环。

6 继续盘绕下搭环并如图所示穿插绳头，直至整个圆环被覆盖。

231

螺钉打系结

尽管绑系时仅采用一条单股绳索，但这款打系结会沿着圆环外边形成一道索状脊，看似采用三股辫绳编织而成，因此这款绳结可用于绑系最粗最宽的圆环。

1 将绳索沿圆环绕一整圈，从前侧缠绕两圈覆盖住第一圈绳索，在缠绕下一圈前先将绳头如图所示穿入一条绳索。

2 将绳头向下盘绕，斜向（从右至左）穿入绳结的一条绳索。

3 将绳头围绕圆环向前盘绕一圈（从左向右），并（从右向左）盘过圆环前侧。

4 绑系一个8字图案，先由绳结前侧斜向上（从左向右）盘绕，然后直接从两条绳索下方绕回（从右向左）。

5 重复步骤4，先向右下方盘绕，穿过圆环（从左向右），然后再向右上方盘绕。

6 接着将绳头（从右向左）穿过两条绳索。重复缠裹，直至整个绳圈被绳索覆盖。

多功能滑索结

这款滑索结由乔治·奥尔德里奇于1985年10月设计并发布，凡需拉张时均可使用。如利用小号绳索进行绑系，滑索结可用于临时固定新上胶的画框、椅子或其他木制品；如采用缆绳绑系，滑索结可用于悬吊重物，拖拽陷入泥潭的摩托车，拉引帐篷的牵绳或罩布、旗杆或天线杆。诚如其名，这是一款真正的多功能滑索结。在采用天然纤维绳索绑系时，滑索结会造成绳圈磨损，但人造绳索则可有效避免损耗，拥有更长的使用寿命。

1 在绳索一端打一个固定绳圈（推荐渔夫环状结）。在稍大于两个衔接固定点距离的位置，利用绳索中段绑系第二个相同的固定绳圈。

2 注意绳头从第二个绳圈引出的方向，将绳头从同侧穿入第一个绳圈。

3 再将绳头从相反方向穿入第二个绳圈。

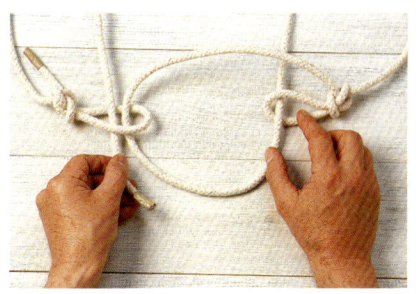

4 从同方向盘绕，将绳头再次穿入第一个绳圈。

5 将绳头穿入第二个绳圈，继续按照相同方法盘绕。

6 再次盘绕一整圈，使绳圈两侧各保留三条绳索。拉起可自由活动的绳头端用力拉拽。松手后，这款特别的滑索结将会出人意料地自行锁定（但出于安全考虑，需再绑系一个半套钩结加以固定）。如需拆解时，可将绳头解开一至两圈，直至整个绳结松解为止。

基础锁链结

通过这款基础锁链结可将过长的绳索缩短三分之一的长度。此外，这款绳结也可用于装饰细捻绳，形成美观的绳索，还可用于绑系老花镜等不同物品。

1 取一段较长的绳头打一个逆时针（反时针）的反手环。

2 将绳头置于反手环下方，从反手环拉引出一个绳环（从后向前），然后将拉出的绳环收紧。

3 从第一个绳环内拉引绳头，形成第二个绳环，并将绳环收紧。

4 相同方法，从第二个绳环内拉引出第三个绳环，将绳环收紧。

5 继续拉引，环环相扣，将每个绳环收紧后再拉引下一个绳环。

6 在完成整条锁链后，只需将绳头穿入前一个绳环固定即可。这样便足以将锁链完全固定。

循环基础锁链结

这款绳结为衔接基础锁链结提供了一种整洁美观的方法，可确保衔接点与整个锁链保持相同形态。循环基础锁链结可用于制作手镯、项链或脚环，还可用于制作画框或镜框。范例中选择两种不同颜色的绳索进行步骤演示，但这款锁链结通常会采用一条绳索的两端进行绑系。

1 将一条或两条基础锁链结的首尾并于一处。

2 将尾端的绳头（范例中为左侧红色绳索）向上穿入起始端的绳圈（从后向前），与起始端的绳头并列。

3 将红色绳头向上（从后向前）穿入相邻的红色绳圈。

4 将绳头右引，向下（从前向后）穿入第3步形成的相邻绳圈内。

5 拉回第一次穿插绳中的绿色绳头，并将红色绳头穿入该绳圈替代绿色绳头。

双股锁链结

这款绳结是基础锁链结的加粗版，又名喇叭或军号索（源于这款绳结通常用作军乐团制服装饰）。采用金色粗绳索绑系便可展现出鲜明的军队风。

1 打两个逆时针（反时针）的反手环，第二个反手环置于第一个上方。

2 将长绳头越过两个反手环，向下绕至反手环下方。

3 从两个反手环内（由后向前）拉引绳头，形成一个绳环。

4 略微收紧，保留足够空间，以便从前两个反手环内（由后向前）再拉引出第二个绳环。

5 重复步骤4，直至锁链达到所需长度。

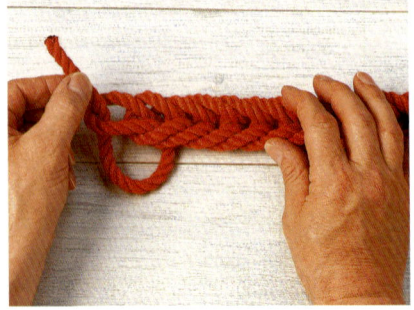

6 最后，将绳头穿入一个绳圈，将双股锁链固定住。

循环双股锁链结

将双股锁链首尾衔接后可制作成帅气的装饰品或嵌入手工艺品。虽然为使步骤演示更加清晰,范例采用了两种不同颜色的绳索,但这款锁链结通常会采用一条绳索的两端进行绑系。

1 将一条双股锁链首尾并于一处。

2 将绳头向上(从后向前)穿入绳尾的最后一个绳圈。

3 将绳头向上穿入相邻的双股绿色绳圈(从后向前)。

4 将绳头向下(从前向后),从一股绳索下方穿回绳圈。

5 将绳头向侧面穿插(范例中由顶部向底部穿插),按照上压—下穿—上压—上压的顺序,在绳尾端挑起第二个绳圈。

6 将绳头上引(从后向前),按照下穿—下穿的顺序,将绳头从第三个绳圈内引出。

7 最后,将绳头向下(从前向后),按照上压—下穿—下穿的顺序穿插,将绳头与绳尾并于一处。

辫状结

我们可利用这款单股绳结来复制类似的三股猪尾辫（带）。辫状结可用于缩短或装饰绳索，也可用于为行李箱或游艇插板制作实用的临时把手。

1 打一个长长的顺时针下搭环，使三条绳索呈平行状。

2 开始编织（编辫），将右手绳索引过中间绳索，置于左手绳索内侧下方。

3 然后将左手绳索引过中间绳索，置于右手绳索内侧下方。

4 重复步骤2，注意最外侧（最远处）的绳索每次如何变为待编织的绳索。

5 重复步骤3，仍需遵照原则：使用频率最低的绳索将成为下一条用于编织的绳索。

6 继续利用左右绳索交替编织，并逐步将绳结收紧。

垫片结、辫状结、环编结、吊索结与其他绳结

7 不时将长绳尾抽出，在编织（编辫）过程中难免会因持续的扭拧，绳索在下方成镜像松松地缠拧在一起，须定时整理。

8 逐步收紧辫状结，最终在尾端仅余一个绳环。

9 最后，将绳头穿入最后剩余的绳环，将辫状结进行固定。

239

锯齿辫状结

利用这款简单的扁平辫状结可将一对等长的线绳缩短，或制作成防滑且具有装饰作用的把手或系索。在采用粗糙绳材进行绑系时（如范例所示），绳结呈现出鲜明的锯齿形轮廓，但在采用较细的绳材时，绳结的形态会更接近精美的梭织花边。

1 将两条绳头绑系在一起，利用左手绳索围绕右手绳索绑系一个半套钩结。

2 现在再利用右手绳索围绕左手绳索绑系一个相同的半套钩结。

3 重复步骤1，轻拉最后一个半套钩结，使其与前一个半套钩结排列整齐。

4 重复步骤2，注意在绑系每个绳结时须保持匀力。继续按照相同方法绑系，直至辫绳达到所需长度。

垫片结、辫状结、环编结、吊索结与其他绳结

双股辫状结

这种双股辫状结的绑系方法也可用于绑系四股辫状结，或用于将系索装饰得更加美观。这款具有装饰效果的辫状结可以采用颜色和材质相同的绳索进行绑系，但大胆尝试同色系或对比色系的绳索进行绑系会更加有趣。即使选用不同材质的绳材，也有可能绑系出精美的绳索，只不过在绑系过程中需要格外小心，不断检查绳结间的松紧度是否均匀。

1 将两条绳索分别对折，并将两个绳环交叉相套。

2 将绳环的顶部与尾部分开一段距离，至少与所需绳结的长度相同，然后再将四条绳尾分为左右两股。

3 将最外侧的右手绳索交叉（从后侧），并从左手两条绳索间向上穿插（从后向前）。

4 解开绳环顶部松松缠绕的绳索；然后将最外侧的左手绳索交叉（从后侧），并从右手两条绳索间向上穿插（从后向前）。

5 重复步骤3和4，直至绳环顶部仅余最后一次穿插的空隙。

6 将待绑系的绳头穿入绳环收紧，固定住整个辫状结。

三股辫状结

这是辫状结最常见的款式。利用这种方法可将细绳快速绑系成较粗的绑索和系索。此外还可以利用三股辫状结为马尾或我们自己的长发编辫子。

1 将三条绳索绑系在一起,并将绳索分为左手一股,右手两股。

2 将右手最外侧的绳索与中间绳索交叉(从前侧越过),置于左手绳索内侧下方。

3 将左手最外侧的绳索与中间绳索交叉(从前侧越过),置于右手绳索内侧下方。

4 重复步骤2,一边绑系一边将绳结收紧。

5 重复步骤3,注意保持各绳结间松紧度一致。

6 重复步骤2,始终利用最外侧绳索进行绑系(作为待绑系绳索)。

7 继续将两条外侧绳索交替编织,直至达到所需长度。最后将绳头打结或绑系固定,以免绳结松散。

垫片结、辫状结、环编结、吊索结与其他绳结

四股辫状结

这款绳结可用于制作扁平状的绑索或系索，如采用较硬挺的绳材，则成品会形成纹理精细的蕾丝状装饰结。

1 将两条绳索对折并进行嵌套（如图所示），将4条绳索分为左右各两股。

2 同时将左手的两条绳索（左压右）和右手的两条绳索（同样左压右）分别交叉。

3 然后将最内侧的两条绳索相互交叉（右压左）。

4 重复步骤2和3，确保松紧度一致并逐一收紧绳结，使绑系出的绳索整齐对称。

5 继续按照上述方法绑系，直至达到所需长度。最后将绳头绑系牢固。

243

四股辫

利用高品质的绳索可制作牵狗绳、冲水拉绳或灯绳，甚至可以制作与休闲服搭配的腰带。我们可能看到过这款辫状结被用来衔接老式电话的听筒。在没有粗绳索时，这款绳结还可用来将细绳加粗四倍。

1 将四股绳索绑系在一起，再把绳索分为左右各两条；将右手外侧绳索向内交叉（从后侧），穿至左侧两条绳索之间，然后再将这条绳索绕回右手另一条绳索内侧下方。

2 相同方法，将左手外侧绳索从后侧交叉，穿入右手两条绳索之间，然后绕回左手另一条绳索内侧下方。

3 重复步骤1，一边绑系绳索一边将绳结收紧。

4 重复步骤2，注意确保绳索松紧度一致。

5 继续按照相同方法，利用外侧两条绳索交替编织，直至绳索达到所需长度。将绳尾绑紧固定。

八股方辫

这款粗壮的人字形编织绳索是承载重物的利器。因纽特人（爱斯基摩人）利用这款绳结将细鱼线加粗，捕捉形体较大的深海鱼。如今，人们采用皮带绑系这款绳索用作大型犬的牵狗绳。您可以在不同位置变换绳索的色彩，去了解这款辫状结可形成的不同图样。

1 将8条绳索绑系在一起，并分为左右两组，每组各4条绳索；将左手最外侧（也是最上方）的绳索（范例中为红色）向后盘绕，并在右手4条绳索中间穿出，然后将这条绳索绕回左手另外3条绳索内侧下方。

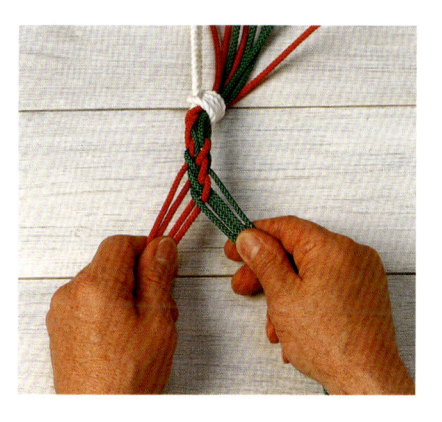

2 相同方法，将右手最外侧（也是最上方）的绳索（范例中为绿色）向后盘绕，并在左手4条绳索中间穿出，然后将这条绳索绕回右手另外3条绳索内侧下方。

3 重复步骤1，确保始终利用最上方，即最外侧绳索（作为待绑系绳索）编织。

4 重复步骤2，注意选择最外侧绳索（作为待绑系绳索）进行编织。

5 继续按照相同方法绑系，始终利用搁置时间最长的一条绳索（作为待绑系绳索）编织。

6 每一步完成后及时将绳结收紧，尤其需注意将绕至后侧无法看到的绳索收紧。最后将绳头绑紧固定。

六股圆辫

利用这种方法可编织出强韧灵活的绳索，且不同颜色的绳索可形成多种图案。在开始绑系这款辫状绳索时会比较吃力，但一想到漂亮又实用的成品便会感到这种坚持是值得的。尽管编织过程不易，但孩子们会非常喜爱各色绳索编织出来的五彩圆辫。

1 固定住六条绳索，三条相同颜色的绳索与另外三条其他颜色的绳索交替摆放（如果仅采用一种颜色的绳索，请每隔一条绳索用签字笔在绳尾进行标记）。

2 将每一条黄色绳索（本范例所示）向下逆时针（反时针）越过相邻的红色绳索。

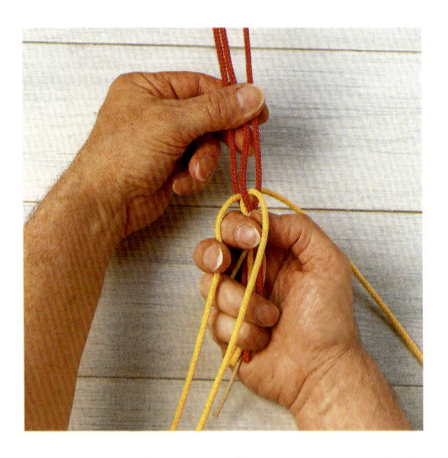

3 提起三条红色绳索，并匀力将每条黄色绳索向下轻拉。

4 将一条红色绳索向下（顺时针）越过相邻的黄色绳索。

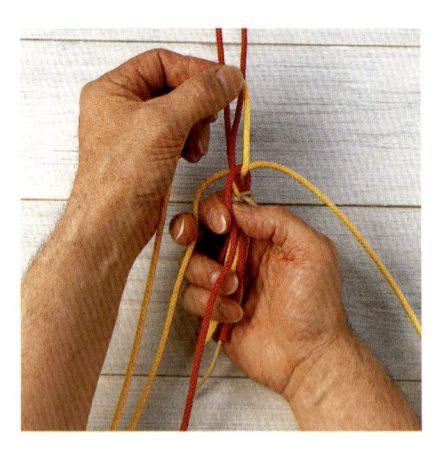

5 提拉黄色绳索，使其包裹并固定住向下盘绕的红色绳索。

6 将另一条红色绳索向下（顺时针）越过相邻的黄色绳索。

7 提拉黄色绳索，使其包裹并固定住第二条向下盘绕的红色绳索。

8 将最后一条红色绳索向下越过最后一条黄色绳索。

垫片结、辫状结、环编结、吊索结与其他绳结

9 提拉第三条黄色绳索,使之与另外两条黄色绳索保持同向。

10 重复这种三条绳索一组的绑系方法,将一条绳索向下盘绕,另外一条绳索向上提拉,直至圆辫达到所需长度为止。

247

术　语

缘绳下降法：登山者借助固定在锚点的（通常可重复利用）登山绳自行调控下降的方法。

锚点：
划船——泛指停泊处以及在各种衔接物上（利用套钩结）绑系绳索的通用术语。
登山——安全拴系点。

芳纶：第一款遇热不会熔化的商业人造纤维。受高成本限制，仅用于特定领域。

桶结：参见血结。

栓绳：
划船——在系缆桩或系索栓上绑系缆绳，通常盘绕一周后打一个8字结（或两个），然后再盘绕一圈。
登山——绑系登山者的方法，以防坠落。

衔接结：用于绑系（衔接）两条独立绳索的绳结统称。

绳环：绳索的两条绳尾间的空隙，尤指当绳索弯折成半个绳圈状。

血结：通过多圈缠裹形成的紧固绳结的统称，垂钓者、洞穴探险者和登山者均需使用。（名称源于特定的医疗用途）

辫状结：通常与辫子结通用，但有时辫状结仅指利用绳索编织的扁平绳结图案。（参见辫子结）

抗断强度：厂商预估的绳索断裂前最大负载值，单位通常为千克或吨，摩擦损耗忽略不计，瞬间负重或绑系绳结均有可能令这一数值大幅缩减。（参见安全工作荷载）

缆索：严格讲，缆索是由3股右旋粗缆绳（左旋编织）制成的9股绳索；但该术语也可泛指任何大号绳索。

翻拧：绳结由于过载、误用或粗鲁绑系造成的变形。有时使用者也会故意将绳结翻拧，以便拆解。

弹簧钩：参见弹簧扣。

索：直径小于10毫米（5/12英寸）的小号绳材。

绳芯：用于填充四股绳（或多股绳）空心的纤维、线绳、搓绳或辫绳等材料，或用于为包芯绳增添强度或弹力等特性的材料。

扎头结：利用绳索的绳头端，围绕自身的绳尾端临时绑系一个绳环作为孔眼，然后将绳头多次穿绕固定。

效力：绳索上绳结的实际强度，用理论抗断强度的百分比来表示。

弯绕：绳圈再次扭拧后形成的两个交叉点。

孔眼：小圆绳圈。

纤维：构成天然绳索的最小元素。

单纤维：参见单丝纤维。

磨损：将绳头意外或故意拆散为线股、线绳、纤维、单丝或多丝纤维。

硬搓绳：参见硬绳索。

缆绳：三股绳索。

芯：参见绳芯。

套钩结：任何将绳材绑系至横杆、帆桅、柱子、圆环或其他绳索等固定锚点上的绳结统称为套钩结。

弹簧扣：D形或梨形金属扣环，带有一个可安全闭合的活动开口。洞穴探险者和登山者的必备工具。

夹心绳：包含绳芯（或内核）的登山绳，通常在编织紧密的护套内包含几束平行排列的纤维。

扭结：由于绳圈拴系过紧造成的损毁变形。

绳结：泛指止索结、绳圈、独立绑系结（如衔接结或套钩结等）的术语；也是对所有经过穿插绑系的绳索的统称。

系索：用于扎捆、固定或悬挂物体的一小段绳索。

放置：绳索远离观察者旋转的方向，顺时针（右手侧，Z捻）或逆时针/反时针（左手侧，S捻）

引：绳头牵引绳索盘绕或穿插物体或绳结的方向。

绳：具有特定功能的绳索（例如：拖绳或洗衣绳）。

穿插固定：绳头的最后一次穿引，以便在完成绳结后加以固定，否则绳结将会松散。

绳圈：带有交叉点的绳环。

绑系：将绳索（通常利用套钩结）衔接固定在一个锚点或柱桩上。

引缆：用于将粗绳索拉引过一段空隙的甩绳或撇绳。

对折：用作动词，将一条绳索折为双重绳索，以确定中心点。

术 语

单纤丝：平均直径和圆截面大于50微米（1/500英寸）的连续人造纤维。（参见多纤丝）

多纤丝：平均直径和圆截面小于50微米（1/500英寸）的极细连续人造纤维。（参见单纤丝）

天然纤维：经加工，用于制造缆绳和其他绳索的植物产品。

压印线：绳结上摩擦力集中的一个折点。

套索：可自由伸缩、滑动或调整的绳圈。

尼龙：可应用于制绳业的首款优质合成（人造）纤维。尼龙材料分为两种不同等级：尼龙-66广泛应用于英美等地；尼龙-6（在贸易中通常称为贝纶或恩卡纶）则主要应用于欧洲和日本，但英美国家也会采用。

反手环：（顺时针或逆时针）打的绳圈，绳头位于绳尾上方。（参见绳环）

辫绳：通常可与辫状结通用，但辫绳也可专指形成立体横截面图案的交织绳索。（参见辫状结）

聚酯：用途广泛的人造绳索（贸易中称为涤纶或特丽纶）。

聚乙烯：一种聚烯烃合成（人造）纤维（通常称为聚乙烯/塑料）。

聚丙烯：多功能聚烯烃合成纤维。

普鲁士结：在受到向下的压力时，绳索通过绳结缠绕的形式实现固定，但当重力消失，绳结会自动舒解，绳索恢复至原来的高度。

绕绳下降法：参见缘绳下降法。

缩帆：航海术语——遇强风时缩小船帆面积（动词）；指收缩船帆时的每一道折叠或卷裹（名词）。

缆绳：直径超过10毫米/$^5/_{12}$英寸的绳索。

盘绕一圈：绳头围绕圆环、横杆、柱桩或绳索缠绕一周，重新绕回绳尾一侧。（参见盘绕）

S捻：左手侧旋转（逆时针/反时针）。

安全工作荷载：预估绳索可承受的负载值，通常已将各种损耗计算在内（磨损、毁坏、绳结影响及其他使用中的损耗）；安全工作负载有可能仅为标记抗断强度的七分之一。（参见抗断强度）

安全性能：绳结的内部稳定性。

吊索：循环的绳索、织带（带条）或环索。

小绳索：非缆绳类绳索的日常称谓。

软搓绳：任何柔韧有弹性的绳索。

裂膜法：从塑料板中提取制造的合成（人造）带状纤维。

绳尾：绳索固定不动的一端。（参见绳头）

绳中段：绳索介于绳头和绳尾间的部分。

定长短纤维：特定长度和强度的天然纤维，根据植物特性不同进行分级，同时还包括非连续性的合成（人造）纤维，通过将单纤维切割成不同长度制造而成。

股：构成绳索的最大元素，由反拧的线绳构成。

强度：打结后的绳索可承受负载的内在能力。

绳：价格相对低廉，一次性的小号绳索或细线。

环索：参见吊索。

人造绳索：采用合成（人造）多纤丝、单纤丝、定长短纤维或裂膜法制造的绳索。

末端：垂钓术语——绳头。

嵌环：配合孔眼使用的金属或塑料衬垫。

丝：细线。

盘绕：围绕索具、横杆、柱桩或绳索进行的360度缠裹。（参见盘绕一圈）

下搭环：绳头位于绳尾下方的绳圈。

绳端结：为防止绳头松散的绑系方法。

绳头：绳索用于绑系的活动端。（参见绳尾）

纱线：构成绳股的基础元素，采用天然纤维或合成（人造）纤维纺织而成。

Z捻：右手侧旋转（顺时针）。

图书在版编目（CIP）数据

终极结绳全书 /（美）杰弗里-巴德沃斯著；苏莹译
. -- 南昌：江西人民出版社，2018.8

ISBN 978-7-210-10318-9

Ⅰ.①终… Ⅱ.①杰… ②苏… Ⅲ.①绳结—手工艺品—制作 Ⅳ.①TS935.5

中国版本图书馆CIP数据核字(2018)第060244号

Original Title: THE ULTIMATE ENCYCLOPEDIA OF KNOTS & ROPEWORK
Copyright in design, text and images © Anness Publishing Limited, U.K., 2012
Simplified Chinese translation © Ginkgo (Beijing) Book Co., Ltd., 2018
简体中文版权归属于银杏树下（北京）图书有限责任公司

版权登记号：14-2018-0066

终极结绳全书

作者：[美]杰弗里-巴德沃斯
译者：苏莹　责任编辑：冯雪松　钱浩　特约编辑：李志丹
筹划出版：银杏树下　出版统筹：吴兴元
营销推广：ONEBOOK　装帧制造：墨白空间
出版发行：江西人民出版社　印刷：北京盛通印刷股份有限公司
889 毫米 ×1194 毫米　1/16　16 印张　字数 220 千字
2018 年 8 月第 1 版　2018 年 8 月第 1 次印刷
ISBN 978-7-210-10318-9
定价：138.00 元
赣版权登字 -01-2018-271

后浪出版咨询(北京)有限责任公司 常年法律顾问：北京大成律师事务所　周天晖　copyright@hinabook.com
未经许可，不得以任何方式复制或抄袭本书部分或全部内容
版权所有，侵权必究
如有质量问题，请寄回印厂调换。联系电话：010-64010019